最強に面白い!!

天気

はじめに

　私たちにとって，天気はとても身近なものです。すかっと晴れわたった日は，とてもよい気分になります。一方で，出かける日に雨が降って，計画が台無しになったり，大雪が降って交通機関が止まったりして，たいへんな思いをすることがあります。

　このような天気の変化は，いったいどうしておきるのでしょうか？　そこには，気温や水蒸気，雲に気圧，風など，大気のさまざまな状態が影響しています。大気の状態がダイナミックに変化することで，晴れから雨といった天気の変化が引きおこされるのです。私たちがふだんチェックする天気予報では，このような大気の状態を観測して，未来の天気を予想しています。

　本書では，「雲はなぜ落ちないのか」「雨はなぜ降るのか」といった天気の基本から，天気予報のしくみ，そして世界各地の気候までを，"最強に"面白く解説しています。本書を読めば，天気予報を見るのが一層楽しくなることでしょう。天気の世界を，どうぞお楽しみください！

ニュートン式
超図解　最強に面白い!!

天 気

1. 雲と雨のしくみ

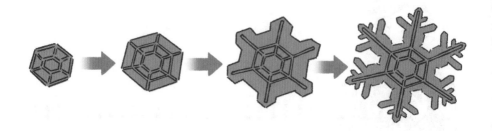

2. 日本の天気は気圧と風で決まる

3. 海と大気がつくる世界の気候

4. スーパー台風と集中豪雨

5. 天気予報のしくみ

1. 雲と雨のしくみ

日ごろ，多くの人が雨が降るかどうかを気にしていることでしょう。空に浮かんだ雲から，いったいどのようなしくみで雨がもたらされるのでしょうか。第1章では，雲の正体や，雨がふるメカニズムなど，雲と雨についてみていきましょう。

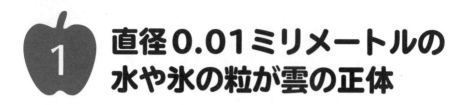

1 直径0.01ミリメートルの 水や氷の粒が雲の正体

水の粒や氷の粒が無数に集まって雲となる

　雲ができる基本的なしくみをみてみましょう。雲は，水蒸気を含んだ空気が上昇し，温度が下がることでつくられます。空気は，温度が高いほど多くの水蒸気を含むことができます。そのため，温度の高い地上の空気のかたまりが，上空へ行って温度が下がると，空気中に含むことのできる水蒸気の量が減ります。空気のかたまりが含んでいられなくなった水蒸気が，水の粒（雲粒）や氷の粒（氷晶）にかわり，それらが無数に集まって雲となるのです。雲をつくっている雲粒と氷晶を合わせて，「雲粒子」といいます。

エアロゾルとよばれる微粒子が雲粒子の核になる

　水蒸気が雲粒子となるには，「雲凝結核」や「氷晶核」とよばれる，芯（核）になるものが重要な役割を果たします。雲粒子は，これらの核に水蒸気が集まることでできるのです。核になるのは，空気中に浮遊する「エアロゾル」とよばれる微粒子です。エアロゾルには，土の粒子，海のしぶき，自動車などから排出される煙の粒子などがあります。
　雲粒子は，直径0.01ミリメートルほどです。これほど小さいと，落下速度は1秒に1センチメートル程度となります。大気中にはこれをこえる上昇気流がたくさん存在するため，雲は落ちてこないのです。

雲ができるしくみ

水蒸気を含んだ空気のかたまりが上昇して膨張し，温度が下がると，水蒸気が水滴や氷の粒になって雲ができます。ちなみに，霧は地面に接している雲のことです。

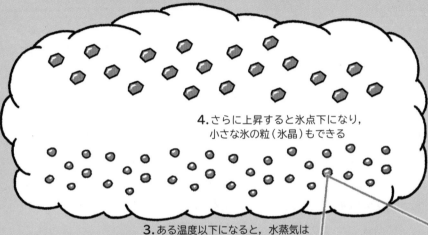

4. さらに上昇すると氷点下になり，小さな氷の粒（氷晶）もできる

3. ある温度以下になると，水蒸気は水滴となって雲になる

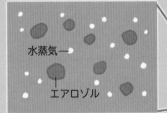

水蒸気

エアロゾル

空気中には，水蒸気とともにエアロゾルが浮いています。

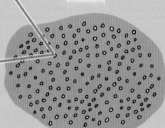

エアロゾル

水蒸気

エアロゾルを芯に水蒸気が集まって雲粒子になります。

2. 上昇するにつれて気圧が下がって膨張し，温度が下がる

1. 水蒸気を含んだ空気のかたまりが上昇する

11

雲粒が合体して，100万倍の大きさの雨粒ができる

雨はとても大きな水滴

　雲をつくっている雲粒は落ちてこないのに，雨は落ちてきます。それは，雨が直径1〜2ミリメートルの，とても大きな水滴だからです。

　雲粒は，周囲の水蒸気を取りこむことで大きくなります。雲の中にはさまざまな大きさの雲粒があり，そのなかで比較的大きな雲粒は，小さな雲粒よりも速く落下します。大きな雲粒が落下するときには，ほかの小さな雲粒とぶつかり，くっついて，さらに大きな雲粒になります。これをくりかえし，雲粒は最終的に体積が100万倍以上の「雨粒」に成長します。ここまで大きくなると，上昇気流があっても浮きつづけることができず，雨として地上に落下するのです。

「暖かい雨」と「冷たい雨」

　このように，すべて水滴でできた雲から降る雨のことを，「暖かい雨」といいます。それに対して，高いところにある雲には，水でできた雲粒だけではなく，「氷晶」とよばれる氷の粒も存在します。氷晶から雪やあられができ，それが落下して途中でとけると地上で雨となります。このようなしくみで降る雨のことを，「冷たい雨」といいます。

雨が降るしくみ

雲の中では，雲粒どうしがぶつかっています。ぶつかることで
雲粒は大きくなり，重くなって雨として落下するのです。また，
高いところにある雪も，落下してとけると雨になります。

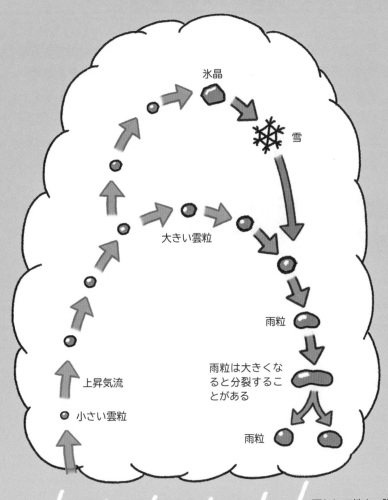

氷晶

雪

大きい雲粒

雨粒

雨粒は大きくな
ると分裂するこ
とがある

上昇気流

小さい雲粒

雨粒

雨として地上へ降る

3 空にただよう 個性豊かなさまざまな雲

雨を降らせる「積乱雲」と「乱層雲」

空には，さまざまな形の雲があります。雲の形や大きさを決めているのは，大気中に含まれる水蒸気の量と，上昇気流の強さです。

水蒸気の量がとくに多い空気のかたまりが，大きな速度で真上に上昇した場合，雲は上下方向に発達します。その代表例が「積乱雲」です。

一方，水蒸気の量がとくに多い空気のかたまりが，ゆっくりと斜めに

十種雲形とは

雨を降らす積乱雲と乱層雲のほか，すじ雲ともよばれる巻雲やいわし雲とよばれる巻積雲などがあります。高積雲はひつじ雲，高層雲はおぼろ雲，巻層雲はうす雲ともよばれます。

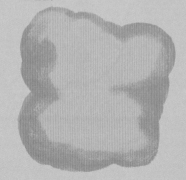

積乱雲（せきらんうん）

乱層雲（らんそううん）

積雲（せきうん）

上昇すると，雲は水平方向に発達します。その代表例は「乱層雲」です。積乱雲も乱層雲も，地上に雨を降らせます。積乱雲では土砂降りの雨に，乱層雲ではしとしとと降る雨になることが多いです。

雲の形は大きく分けると10種類

高度5000メートル以上に発生する雲は，水滴ではなく氷の粒でできているものもあります。また，モクモクした形の雲はさまざまな高さにあらわれ，上空にあるほど個々の雲が小さくみえます。

雲の形は，下にえがいた10種類に大きく分けることができます。 これを「十種雲形」といいます。空に雲をみかけたとき，その雲がどんな名前か，ぜひ図と見くらべて確かめてみましょう。

巻雲（けんうん）
巻層雲（けんそううん）
巻積雲（けんせきうん）
高層雲（こうそううん）
高積雲（こうせきうん）
層積雲（そうせきうん）
層雲（そううん）

4 積乱雲の寿命は, わずか30分〜1時間ほど

夕立雲も台風も, 積乱雲でできている

夏によく見かける, ソフトクリームのような形をした雲。これは積乱雲とよばれる雲です。この雲の水平方向の広がりは数キロ〜十数キロメートルで, 高さは15キロメートルに達することもあります。非常に分厚い雲なので, 真上に来ると空が真っ暗になります。

積乱雲は, 何かのきっかけで上昇気流が発生するとできます。夏の夕立を降らせる雲や梅雨の末期に大雨をもたらす雲, そして台風も, 積乱雲で構成されています。積乱雲は, 大雨をもたらす典型的な雲です。

下降気流が上昇気流を打ち消す

積乱雲が成長すると, 次のようなしくみで雲の中で下降気流が生じるようになります。まず, 積乱雲の上部では, 夏でも雪ができ, それが落下の途中でとけて雨粒になります。その際などに, 雪(雨粒)が周囲の空気から熱を奪うので, 温度が下がって重くなり, 下降気流が生まれます。さらに, 雨粒やあられなどが落下するときに周囲の空気を引きずりおろすため, より強い下降気流となります。

こうして生じた下降気流は, 上昇気流を打ち消すようになるため, 積乱雲の寿命は, たった30分〜1時間ほどなのです。

積乱雲の一生

積乱雲は，上昇気流によって成長します。しかし，雲の中に雨粒ができて落下し始めると下降気流が発生し，上昇気流を打ち消すため，次第に積乱雲は弱まり，やがて消滅します。

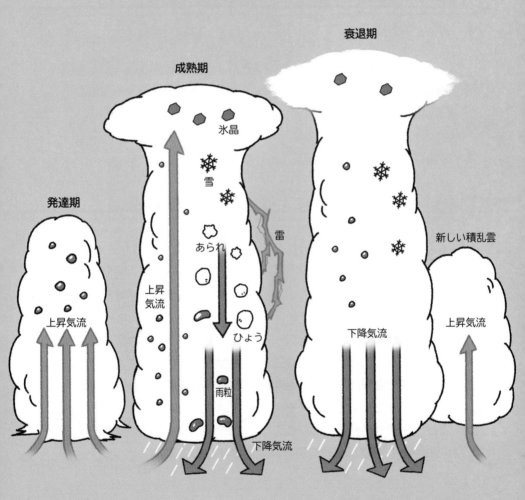

17

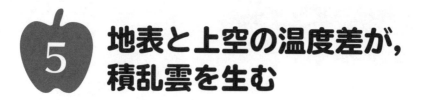

地表と上空の温度差が，積乱雲を生む

大気の状態が不安定だと，積乱雲が発生しやすい

天気予報では，「大気の状態が不安定」という言葉をよく耳にします。地表近くの空気が温かく湿っており，上空に寒気が入るなどして地表と上空の間に大きな気温差がある場合，大気の状態が不安定であるといいます。このとき，積乱雲が発生したり，成長したりしやすく，天気がくずれやすくなります。

地表付近の空気を持ち上げるしくみが必要

積乱雲が発達するには，地表から持ち上げられた空気のかたまりが，上昇気流となって上空へ高く上っていく必要があります。通常，上空の空気は地上よりも低温です。上昇した空気の温度が周囲よりも高ければ，空気のかたまりは周囲よりも軽く，さらに上昇します。つまり，上空の温度が低いと，空気は高く上昇するのです。大気の状態が不安定になると，このようにして地上の空気が少し持ち上がるだけで，上空高くまで上昇気流がおき，積乱雲が発生しやすくなります。

ただし，大気の状態が不安定なだけでは積乱雲はできません。前線（次のページで紹介）や山の斜面など，地上付近の空気を持ち上げるしくみがあるときに，積乱雲が発生しやすいのです。

不安定な大気の状態

地表付近の空気が温かく湿っている一方で，上空に寒気があり，地上と上空に温度差がある状態が，「不安定な大気の状態」です。上昇気流がおきやすく，積乱雲が発生しやすくなります。

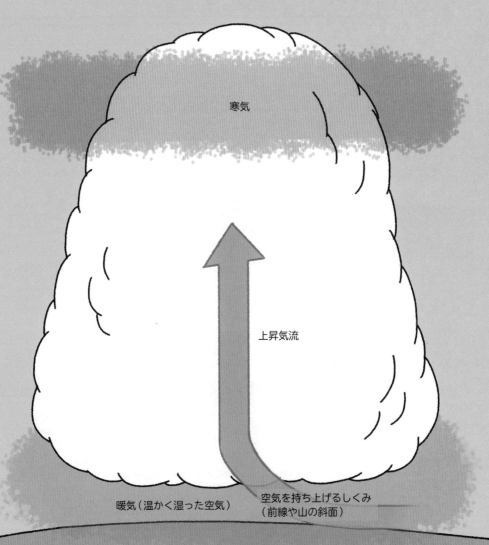

寒気

上昇気流

暖気（温かく湿った空気）

空気を持ち上げるしくみ
（前線や山の斜面）

温かい空気と冷たい空気が ぶつかる前線が，雨をもたらす

寒冷前線は，はげしい雨をもたらす

　　天気や気象の用語では，同じような性質をもった空気のかたまりを「気団」といいます。そして，冷たい気団のことを「寒気」，温かい気団のことを「暖気」とよびます。この寒気と暖気が接する境界のことを，「前線」といいます。前線には，いくつかの種類があります。
　　「寒冷前線」とよばれる前線では，暖気に向かって寒気がぶつかり

寒気と暖気のぶつかり合い

寒気が暖気に向かってぶつかるのが寒冷前線で，暖気が寒気に向かってぶつかるのが温暖前線です。ともに，暖気が上昇気流となります。しかし，上昇気流の角度がことなります。

寒冷前線
すでにある暖気に，寒気がぶつかります。暖気は上昇気流となります。その結果，上空で背の高い雲がつくられやすくなります。

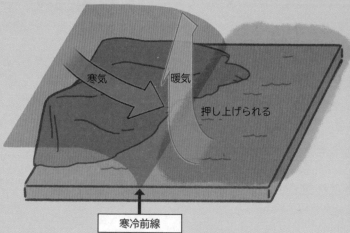

寒気　　暖気

押し上げられる

寒冷前線

ます。寒気は暖気の下にもぐりこもうとし、寒気に押し上げられた暖気が上昇気流となります。<mark>寒冷前線の上空には、垂直方向に発達した積乱雲が発生し、はげしい雨をもたらします。</mark>日本付近では、寒冷前線が通過すると、冷たく乾燥した風が吹いて、気温が急に下がります。

おだやかな雨が降ることが多い温暖前線

一方、「温暖前線」とよばれる前線では、寒気に向かって暖気がぶつかります。このとき暖気は、寒気の上にのり上がるようにゆるやかな上昇気流となり、さまざまな種類の雲が発生します。<mark>温暖前線付近にできる乱層雲からは、おだやかな雨が降ることが多く、温暖前線が通過すると、温かく湿った南風が吹き、気温が上昇します。</mark>

温暖前線
すでにある寒気に、暖気がぶつかります。暖気はゆるやかな上昇気流となります。その結果、上空の広い範囲に雲がつくられやすくなります。

上昇気流の角度は、寒冷前線では垂直方向に、温暖前線ではゆるやかになるよ。

暖気

のり上がる

寒気

温暖前線

7 雪の形は，育った環境でかわる

雪の結晶は，基本的に六角形

　積乱雲の上の方では，夏でも雪が存在しています。しかし，非常に小さな水滴である雲粒は，0℃以下になってもなかなか凍らないことが知られています（過冷却）。上空の氷点下の雲の中では，雲粒中のエアロゾルが起点となって（氷晶核），雲粒が凍りはじめるのです。

　そうして生まれた氷の粒（氷晶）は，周囲の水蒸気を取りこんで成長し，雪の結晶となります。これがとけずに地上まで落下すると「雪が降る」のです。雪の結晶は，基本的に六角形をしています。六角柱の氷晶を基本単位として成長するため，大きなものも六角形になります。

気温と水蒸気量で形が決まる

　雪の結晶は，縦方向に伸びていくか，横方向に広がっていくかのどちらか一方の方向性で成長していきます。その方向性は気温で決まり，その後は水蒸気が多いほど結晶の構造が複雑になっていきます。雪の結晶は，肉眼で見ることができます。雪の結晶を見れば，その雪を降らせた雲の状態がわかるのです。

雪の結晶の成長

雪の結晶は，−4℃〜0℃，−20℃〜−10℃のときに横方向
に成長します。−10℃〜−4℃，−20℃以下のときは縦方向
に成長します。また，水蒸気が多いほど，複雑な形になります。

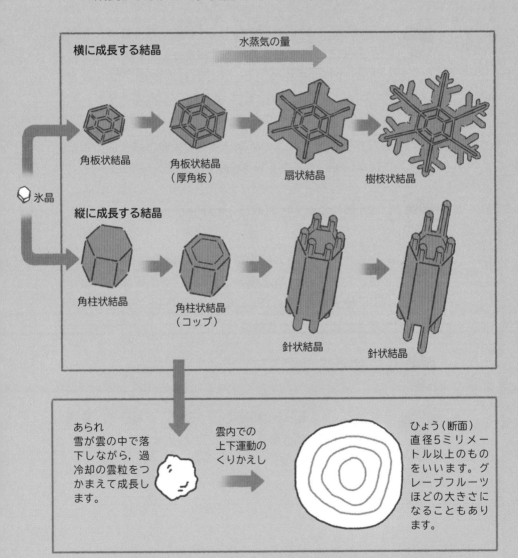

水蒸気の量

横に成長する結晶

氷晶

角板状結晶　　角板状結晶　　扇状結晶　　樹枝状結晶
　　　　　　　（厚角板）

縦に成長する結晶

角柱状結晶　　角柱状結晶　　　　針状結晶　　針状結晶
　　　　　　　（コップ）

あられ
雪が雲の中で落
下しながら，過
冷却の雲粒をつ
かまえて成長し
ます。

雲内での
上下運動の
くりかえし

ひょう（断面）
直径5ミリメー
トル以上のもの
をいいます。グ
レープフルーツ
ほどの大きさに
なることもあり
ます。

23

降水確率100％は必ず大雨？

 昨日はひどい目にあいましたよ！　急に暗くなったと思ったらすごい雨が降ってきて。傘をさしていたのに，だいぶぬれてしまいました。「くもり一時雨，降水確率30％」なんていってたのに。あれじゃ100％ですよ！

 勘ちがいしとるようじゃな。数値の大きさは，雨の強さではないぞ。100％じゃから大雨とは限らんのじゃ。

 じゃあ降水確率って，何なんですか？

 1ミリメートル以上の雨または雪の降る可能性のことじゃ。たとえば，降水確率30％という予報は，予報が100回発表されたら，30回は1ミリメートル以上の降水があるだろうという意味じゃ。

 なるほど……。

 それから，「くもり一時雨」というのは，くもりで，連続で6時間未満の雨が降るということじゃな。

用語	意味
一時	現象が連続的におき，その現象がおきる期間が予報期間の4分の1未満のときに使います。たとえば，基本はくもりで雨が1日の4分の1（6時間）未満連続で降るときは，「くもり一時雨」です。
時々	現象が断続的におき，その現象がおきる期間の合計時間が予報期間の半分未満のときに使います。たとえば，基本は晴れで断続的にくもりになり，くもりの時間が1日の半分未満のときは，「晴れ時々くもり」です。
のち	予報期間内の途中で現象が変わるとき，その変化を示すときに使います。たとえば，午前中は晴れで午後からくもりになるときは，「晴れのちくもり」です。

天気を操作することはできるの？

　みなさんは，「天気を思い通りに操作したい」と考えたことはありませんか。もしも天気を操作できれば，お出かけの日に雨に悩まされることもなくなります。はたして天気を操作することは，できるのでしょうか。

　結論からいうと，現代の科学の力をもってしても，天気を思い通りに操作することはできません。しかし現在，人工的に雨を降らせる「人工降雨」という技術の研究が進められています。空にある雲を刺激することで，雨の降る量を少しふやすというものです。

　人工降雨の代表的な方法の一つが，雲の中にヨウ化銀（AgI）の粒やドライアイス（CO_2）を散布するというものです。ヨウ化銀の粒は氷の結晶と形が良く似ており，氷晶核としてはたらいて雲内に氷晶をできやすくします。また，ドライアイスはとても低温なので，雲内に氷晶をつくります。これらが成長して雪になり，やがて雨が降るのです。

2.日本の天気は気圧と風で決まる

日本の気候の特徴といえば，四季の変化があげられます。第2章では，日本の四季に大きくかかわっている低気圧や高気圧，さらには風のはたらきについてみていきます。

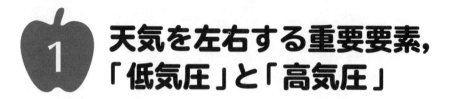

天気を左右する重要要素, 「低気圧」と「高気圧」

低気圧では, 上昇気流が発生

　天気予報で必ず登場するのが,「低気圧」と「高気圧」です。「気圧」というのは, 大気の圧力のことです。低気圧は周囲とくらべて気圧の低いところ, 高気圧は周囲とくらべて気圧の高いところを指します。

　周囲とくらべて温度の高い空気は, 膨張して密度が低くなります。すると, 地上から上空までの空気の重さが周囲とくらべて小さくなるため, 地上の気圧が低くなり, 低気圧となります。低気圧は周囲から中心へ向けて風が吹きこみ, 上昇気流が発生します。上昇気流によって雲もできるため, 低気圧では天気がくずれやすくなります。

高気圧の中心付近では雲はできない

　一方, 周囲とくらべて温度の低い空気は, 縮んで密度が高くなります。そうした場所では, 空気が縮んだ分, 上空で周囲から空気が流れこみ, 地上から上空までの空気の重さが周囲とくらべて大きくなります。そのため, 地上の気圧が高くなり,「高気圧」となるのです。高気圧は気圧が高いので, 中心から周囲へ風が吹き出します。高気圧の中心付近では下降気流が発生しているため, 雲はできず晴れます。

渦を巻く低気圧と高気圧

低気圧では，上昇気流が発生し，渦を巻くようにして周囲から
風が集まります。高気圧では，下降気流が発生し，渦を巻きな
がら周囲に風が吹きだします。

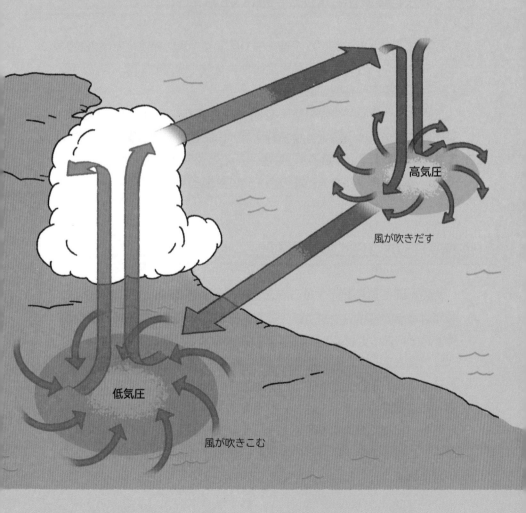

高気圧

風が吹きだす

低気圧

風が吹きこむ

2 四つの高気圧が，日本に四季をもたらす

日本は大陸の横にある，海に囲まれた島国

　　日本は，はっきりとした四季をもつ国です。夏は熱帯地方顔負けの蒸し暑さなのに対し，冬の積雪量は世界有数です。そして，季節の変わり目には梅雨や秋雨があります。

　　日本はユーラシア大陸の横にある，海に囲まれた島国です。大陸は，昼間は太陽によって温まりやすい一方，夜間は地面から宇宙に向かって熱が放出される「放射冷却」によって，冷えやすい性質があります。一方，海は温まりにくく，冷めにくい性質をもっています。

性格のちがう四つの高気圧

　　大陸と海との気温差，そして上空で吹く偏西風のはたらきにより，季節によって性格のちがう四つの高気圧が日本の天候に影響をあたえます。その四つとは，冬に発生し，冷たく乾燥した空気を吹きだす「シベリア高気圧」，温かく乾燥した空気をともない，春と秋に日本列島を通過する「移動性高気圧」，春の後半から夏にかけてでき，冷たく湿った空気を吹きだす「オホーツク海高気圧」，非常に温かい空気をともない，夏に日本列島をおおう「太平洋高気圧」です。次のページから，これらの高気圧がどのように四季の天候に影響するのかをみていきましょう。

日本付近の四つの高気圧

日本付近には，冬に寒い北風をもたらす「シベリア高気圧」，春と秋に偏西風に流されて移動する「移動性高気圧」，夏に非常に温かい空気をもたらす「太平洋高気圧」，春から夏に東北地方に冷害をもたらす「オホーツク海高気圧」があります。

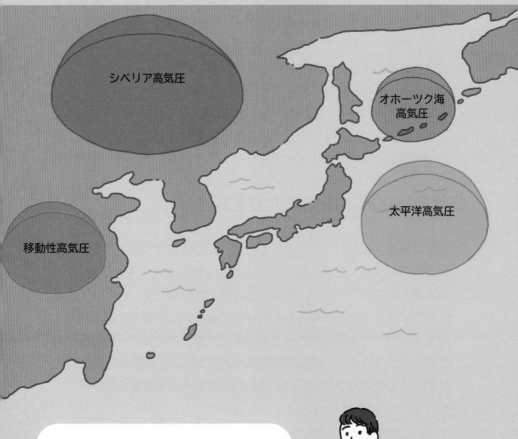

シベリア高気圧

オホーツク海
高気圧

太平洋高気圧

移動性高気圧

日本列島は，季節ごとに四つのことなる高気圧の影響を受けるんだね。

冬の気象：シベリアからの 冷たい空気が大雪を降らす

ユーラシア大陸の内陸で生まれる「シベリア高気圧」

　冬の天気予報では，「西高東低の冬型の気圧配置」という言葉をよく聞きます。日本列島の西側に高気圧，東側に低気圧がある状態です。日本の西側，ユーラシア大陸の内陸にあるシベリア地方の冬は，夜間の放射冷却によって地表の熱がうばわれることで，マイナス40℃にも達するような低温になります。そのため，空気が冷やされて重くなり，高気圧が生まれます。これが「シベリア高気圧」です。一方で，日本の東側で低気圧が発達することで，西高東低の気圧配置ができます。

筋状の雲が日本海側に大雪を降らす

　冬に発達するシベリア高気圧からは，冷たい空気が日本へ向けて流れだしてきます。日本へ向かう途中にある日本海は，南から暖流（対馬海流）が流れこむため，冬でも比較的温かい海です。シベリア高気圧からの冷たい空気はもともと乾燥しており，この温かい日本海の上空を通る際に，水蒸気をたくさん吸収します。その結果，冬に特有の筋状の雲ができます。筋状の雲は積乱雲の列で，この雲が日本列島を縦断する山脈にぶつかって，日本海側に大雪を降らせるのです。

日本の冬の気圧と雲

冬になると，日本列島の西側で発達したシベリア高気圧から，冷たい風が日本に吹きつけられます。風は日本海上で雲をともない，日本海側に雪を降らせます。この風は日本列島の山脈をこえる過程で乾燥した空気となり，太平洋側は晴れて乾燥します。

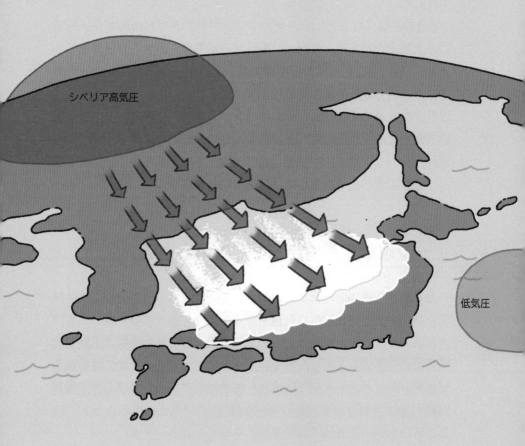

シベリア高気圧

低気圧

4 春の気象：シベリア高気圧の弱体化が，春一番をよぶ

季節の境の代名詞「春一番」

　２月なかばになると，それまでつづいていたきびしい寒さが一段落し，北風にかわって，生暖かい南風が日本列島に吹きこむ日が出てきます。「春一番」とよばれる南風です。春が近くなると，シベリア高気圧から吹く北西の風が弱まります。すると，偏西風に乗って低気圧が日本海を通過することが多くなります。毎年，立春後，この低気圧に向かって太平洋側の高気圧から強く吹きこむ最初の風が，「春一番」です。シベリア高気圧が弱くなることは，そのまま冬の終わりを意味し，季節の境の代名詞としてこの風が使われます。

フェーン現象で雪崩がおきることもある

　太平洋から日本海の低気圧に向かって吹く風は，日本アルプスや奥羽山脈，中国山地など日本列島を背骨のように走る山脈を乗りこえなければなりません。太平洋上で水蒸気を吸収してきた風は，山地をこえる際に上昇気流となり，雲を発生させて太平洋側の地域に雨をふらせます。そうして，高温で乾燥した風となり，山地をのりこえて日本海側へとふきおります（フェーン現象）。この温かい風によって，積雪の多い山沿いの地域では雪崩がおきることがあります。

湿った風から乾いた風へ

日本に吹く南風は，太平洋上で水蒸気を吸収してきます。この
風が日本列島の山地をこえる際に上昇気流となり，雲を発生さ
せて太平洋側で雨を降らせます。そうして水蒸気を失い乾燥し
た温かい風となり，山地をこえて日本海側に吹きこむのです。

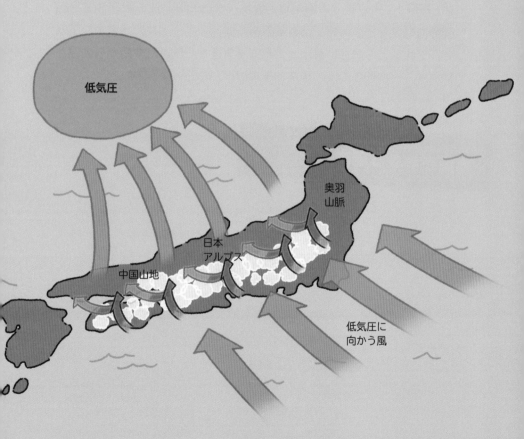

梅雨：暖気と寒気の せめぎ合いで，雨が降る

二つの高気圧が衝突する境界が梅雨前線

　6月上旬から7月下旬にかけて，北海道を除く日本列島は長雨の季節「梅雨」に入ります。**梅雨は，オホーツク海高気圧と太平洋高気圧の勢力がつり合うためにおきる気象です。**オホーツク海高気圧から吹きだす北からの冷たい風と，太平洋高気圧から吹きだす南からの温かい風が，日本列島の上で衝突する境界が「梅雨前線」です。

梅雨がおきる理由

　梅雨の時期の西日本の状況を，簡略化したイラストで表しました。日本列島上で北からの風と南からの風が衝突し，上昇気流が発生しています。

← オホーツク海
高気圧

日本海側
冷たく相対的に乾いた風

日本列島

太平洋高気圧が強まると梅雨明けに

　2方向からの風の勢力がつりあうと，どちらの風も行き場を失って上昇気流となります。これによって雲が発生し，広い範囲で雨が降ります。

　勢力がつりあっているかぎり，この上昇気流は同じ場所にとどまりつづけます。オホーツク海高気圧からの風も太平洋高気圧の風も水蒸気を吸収していますが，温かい南風の水蒸気量のほうが圧倒的に多く，この水蒸気が絶え間なく供給されるため，雨が長くつづきます。

　夏が近づくにつれて太平洋高気圧の力が強まると，オホーツク海高気圧からの風を押し返す形で梅雨前線は北上し，日本付近は南から「梅雨明け」となります。梅雨明けは通常，7月中旬ころです。

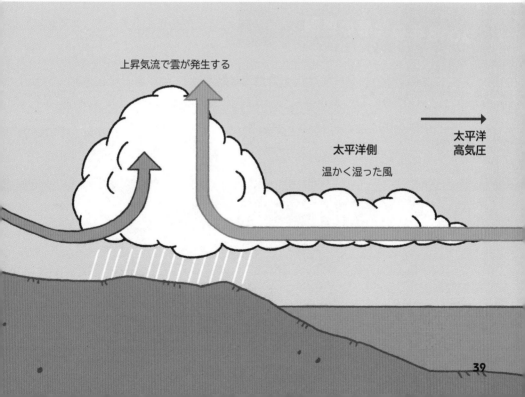

上昇気流で雲が発生する

太平洋側

温かく湿った風

太平洋高気圧

6 夏の気象：二段重ねの高気圧が，日本を猛暑にする

夏らしい晴天をもたらす太平洋高気圧

　日本の夏には，東の海上で発達する太平洋高気圧が，日本付近まで張りだしてきます。太平洋高気圧から吹き出す温度の高い空気は，海上を流れる間にたくさんの水蒸気を含むようになり，日本に暑くて湿っぽい風をもたらします。太平洋高気圧がさらに張りだし，日本列島全体をすっぽりとおおうと，夏らしい晴天がつづくようになります。

2018年の猛暑の要因

　例年，夏になると日本は太平洋高気圧でおおわれ，暑くなります。2018年は，日本の西側にあるチベット高気圧が日本列島まで張り出して太平洋高気圧と重なったため，猛暑になりました。

チベット高気圧

1万メートルの高層にできるチベット高気圧

2018年の初夏は，全国的に記録的な猛暑がつづき，40℃をこえる気温も各地で観測されました。なぜ，猛暑がつづいたのでしょうか。

日本のはるか西にあるチベット高原は，標高が平均約4500メートルほどもある地域です。夏になると，チベット高原に降り注ぐ日射によって，標高の高い位置にある空気が暖められて上昇し，上空1万メートル以上の高層で高気圧をつくります。これがチベット高気圧です。

2018年の夏は，太平洋高気圧の勢力が非常に強い状態がつづきました。そして，チベット高気圧が張りだし，太平洋高気圧の上に二段重ねとなって日本をおおい，温かい空気が地上付近に供給されました。さらに，地域によってはフェーン現象も発生し，猛暑となったのです。

重なった
二つの高気圧

太平洋高気圧

7 秋の気象：秋の空模様は，かわりやすい

秋になると，高気圧や低気圧が次々にやってくる

　夏の間，日本列島のすぐ南では，太平洋高気圧が大きく張りだしています。このとき，上空の偏西風は春にくらべて弱まって北上しており，中国大陸から偏西風に乗ってやってくる低気圧も，弱まって日本列島の北を通過しています。これが，夏の間は晴天が多い理由です。

　しかし秋になると，太平洋高気圧の勢力が弱まるかわりに，偏西風

高気圧と低気圧がやってくる

春や秋になると，偏西風に乗って高気圧や低気圧が次々と日本にやってきます。高気圧が近づくと天気は晴れ，低気圧が近づくと雨になるため，天気が変わりやすくなります。

偏西風

移動性高気圧

高気圧から吹きだす風

中国大陸

対馬海流（暖流）

が強まって南下してくるため，中国大陸から高気圧や低気圧が日本付近にやってくるようになります。この高気圧は偏西風に乗って東へ移動することから，「移動性高気圧」とよばれています。

偏西風に乗った低気圧が，天気をくずす

低気圧が日本の南を流れる黒潮や日本海へ流れこむ対馬海流などの暖流の上を通過すると，海上の熱や水蒸気を吸収して雲がつくられ，発達しつづけます。偏西風に乗って，低気圧が日本付近にやってくると発達した雲によって天気はくずれ，移動性高気圧がやってくると天気は晴れます。秋の天気がかわりやすい理由は，ここにあります。そして同じ理由で，春の天気もかわりやすいのです。

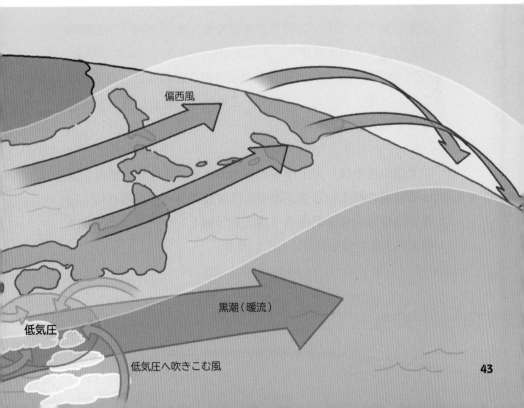

偏西風

黒潮（暖流）

低気圧

低気圧へ吹きこむ風

宇宙の天気予報

みなさんは，「宇宙天気予報」というものがあるのを知っていますか。宇宙ではもちろん，雨や雪が降ることはありません。でも地上の天気のように，地球周辺の宇宙の環境は，日々変化しています。この宇宙環境の変化を予測するのが，「宇宙天気予報」です。

宇宙環境の変化をもたらすのは，太陽です。太陽の表面では，巨大な爆発（フレア）おきることがあります。すると，放射線や高エネルギーの粒子が宇宙空間に放出され，その影響は地球にまでおよびます。人工衛星の故障や，大規模な停電，GPSの不具合，通信障害などが引きおこされることがあるのです。宇宙天気予報によって，これらの不具合にあらかじめそなえることができます。

太陽の活動は，人工衛星や地上のさまざまな観測機器によって監視されています。そのような観測データをもとに，日本では情報通信研究機構宇宙天気予報センターによって，宇宙天気予報が毎日発表されています。

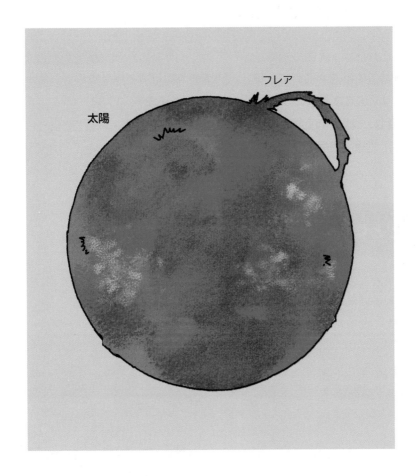

太陽

フレア

8 地球の自転で、大きな大気の流れができる

ハドレーの「大気の大循環モデル」

　ここからは、大気の流れについてみていきましょう。地球の大気は、赤道付近では温められて上昇し、北極や南極付近では下降しています。イギリスの気象学者のジョージ・ハドレー（1685～1768）は、この点に着目し、赤道で上昇した空気は大気の上層を北極・南極に向かって進み、北極・南極で下降して赤道に戻ると考えました。ところがこの

緯度ごとにことなる三つの風

　地球全体でみると、大きく三つの大気の流れがあります。赤道付近の低緯度を流れる「貿易風」、中緯度で地球を一周する「偏西風」、高緯度で循環する「極偏東風」です。

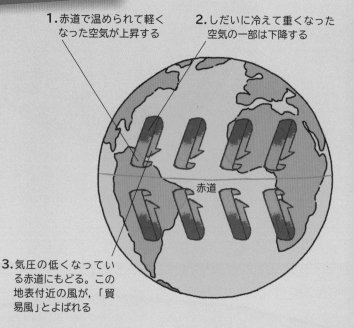

低緯度の「貿易風」

1. 赤道で温められて軽くなった空気が上昇する

2. しだいに冷えて重くなった空気の一部は下降する

赤道

3. 気圧の低くなっている赤道にもどる。この地表付近の風が、「貿易風」とよばれる

ハドレーのモデルは，現実の大気の流れとはことなっていました。

三つの大きな大気の流れが生みだされている

　実は，南北方向に吹く風は，地球の自転の影響で，力を受けて曲げられます。この力は，発見者であるフランスの物理学者のガスパール・コリオリ（1792 〜 1843）の名をとって，「コリオリの力」とよばれています。コリオリの力は，北半球では風の進行方向に対して右向きに，南半球では左向きにはたらきます。コリオリの力を受けた風は，北半球の場合，低緯度の地表付近では南西に向かって吹く「貿易風」に，中緯度では東に向かって吹く「偏西風」に，高緯度の地表付近では南西に向かって吹く「極偏東風」になるのです。

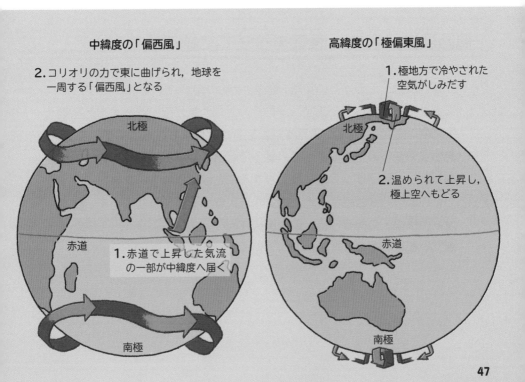

中緯度の「偏西風」

2.コリオリの力で東に曲げられ，地球を
　一周する「偏西風」となる

北極

赤道

1.赤道で上昇した気流
　の一部が中緯度へ届く

南極

高緯度の「極偏東風」

1.極地方で冷やされた
　空気がしみだす

北極

2.温められて上昇し，
　極上空へもどる

赤道

南極

地球をぐるりとまわる風 偏西風

中緯度地方には，偏西風が年中吹いている

　日本のような中緯度地域には，「偏西風」とよばれる西風（西から東へ向かう風）が，年中吹いています。偏西風は，地上では目立たないのですけれど，上空ほど顕著になります。天気が西から東へ移りかわっていくのは，この偏西風が原因です。

　偏西風は，単純に東へ向かって吹くのではなく，南北に蛇行しています。蛇行のぐあいは，場所や時期によって大きくかわります。

偏西風は，寒気と暖気をへだてて蛇行する

　偏西風は，北の冷たい空気（寒気）と南の温かい空気（暖気）をへだてるはたらきをしています。そのため，偏西風が南に蛇行すると寒気を南側へもたらし，北へ蛇行すると暖気を北側へもたらします。また，偏西風の蛇行の影響によって，地上で低気圧や高気圧が生まれやすくなったり，発達がうながされたりすることが知られています。

　このように偏西風は，地上の気象に大きな影響をあたえます。日本は偏西風の下にあるため，偏西風の蛇行のぐあいによって，天候が大きく左右されるのです。

蛇行しながら地球をめぐる

イラストは，北半球の偏西風のようすです。北極域を囲むように，反時計まわりに1周しています。南北に蛇行しており，蛇行のしかたは，場所や時期によって大きくかわります。

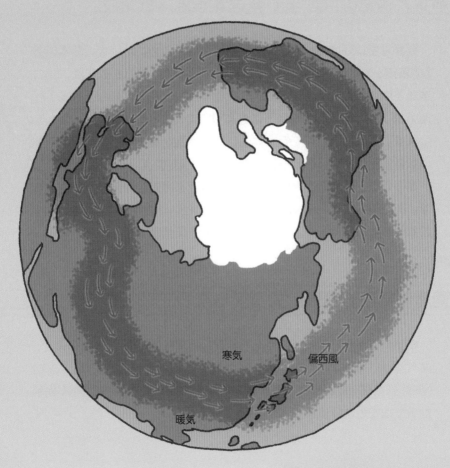

寒気

偏西風

暖気

日本の天気の変化に大きく影響をあたえているのが，偏西風なんだケロ。

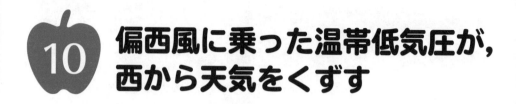

10 偏西風に乗った温帯低気圧が, 西から天気をくずす

寒気と暖気のはざまで発達する温帯低気圧

秋から春にかけて, 蛇行する偏西風のはたらきによって, 日本付近（中緯度）で低気圧が発達することがあります。この低気圧は, 北の寒気と南の暖気のはざまで発達し, 暖気が寒気の上に乗り上がる「温暖前線」と, 寒気が暖気の下にもぐりこむ「寒冷前線」をともなっています。これらの前線で雲が発生し, 雨や雪をもたらします。このような低気圧は, 「温帯低気圧」とよばれています。

温帯低気圧は, 偏西風に乗って日本付近を通過し, 天候を左右します。天気予報で, 「天気は西から下り坂」という言葉をよく聞きます。これは, 温帯低気圧が西からやってきて, 天気がくずれるからです。

南岸低気圧が関東に大雪をもたらすことも

東シナ海から日本の南の海上で発達した温帯低気圧は, 本州の南を, 東へ向けて通過することがあります。このような温帯低気圧はとくに, 「南岸低気圧」とよばれ, 冬にはあまり雪の降らない関東に大雪をもたらすこともあります。

偏西風が生む温帯低気圧

イラストは，蛇行した偏西風によって，日本付近に温帯低気圧が発生したようすです。地上付近で寒気と暖気がぶつかっていて，その上空を偏西風が通ることで温帯低気圧が発生します。

偏西風

冷たい風

温帯低気圧

温かく湿った風

博士！
教えて!!

コリオリの力って何？

 地球の大きな大気の流れは，「コリオリの力」が生みだしているっていうことですけど，どんな力なんですか？

 回転する円盤の中心から円周の目標に向かってボールをころがすと考えるんじゃ。ボールは円盤に接しておらず，回転の影響を受けないでころがるとする。

 ええ。

 これを円盤の外から見ると，ボールはまっすぐに進んでおる。一方，円盤の中心に立って円周の目標を見ていると，自分は円盤といっしょに回転しているから，ボールが何か力を受けてそれていくように見えるな。図を見るとわかるじゃろう。

 はい。その見かけの力がコリオリの力なんですか？

 その通り。円盤の回転が地球の自転，ボールが大気や海洋の動きのたとえじゃ。

| | | | | | | | | | | | | | | | | | | | | | | | | | | | |

1. 外から見た場合

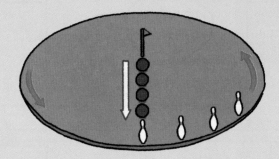

2. 円盤上から見た場合

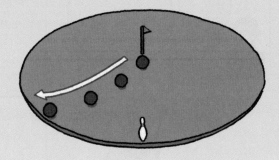

ビリヤードを研究したコリオリ

1792年 フランスに生まれた ガスパール・コリオリ

幼い頃から数学が得意だったという

機械工学の分野で活躍

エネルギーは $\frac{1}{2}mv^2$ になる!

現代の物理学に欠かせない運動エネルギーや仕事の概念を確立した

そして1835年 回転する物体の上では力がはたらくようにみえることを提唱

まっすぐ進まないのでは?

これがのちにコリオリの力とよばれる

さらにはビリヤードについて考察する論文も出している

エッフェル塔に名が残る

コリオリの力はやがて地球上の大気の流れや海流を考える上で欠かせないものであることがわかった

古くからの謎だった大砲の軌道が目標からずれる理由もコリオリの力で説明することができた

コリオリの力はスナイパーが登場する映画や漫画などでもときおり登場する

コリオリの力の影響は……

でも実際には重力や風の影響の方が大きい

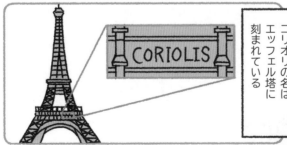

CORIOLIS

その偉大な業績からコリオリの名はエッフェル塔に刻まれている

3. 海と大気がつくる 世界の気候

気候には，海と大気も大きな影響をおよぼします。第3章では，
地球をとりまく大気や海流のメカニズムをもとに，世界各地の
さまざまな気候をみていきましょう。

① 海と大気が，世界の気候を つくりだしている

中緯度付近の高気圧帯では，雨が降らない

　世界各地には特有の気象があり，地域ごとの気象を1年を通じてまとめたものを「気候」といいます。下に，ドイツの気象学者ウラジミール・ケッペン（1846〜1940）が考えた，五つの気候帯を示しました。**気候には，大気の大循環と海流が大きくかかわっています。**たとえば中緯度付近には，砂漠気候を主体とする乾燥帯が広がります。これは，

世界の海流と大気の流れ

五つの気候帯を示しました。海上の矢印は海流をあらわします。赤が暖流で，グレーが寒流です。赤道付近で発生した上昇気流は，南北に流れつつ冷やされて，緯度30度付近で下降気流になっています。

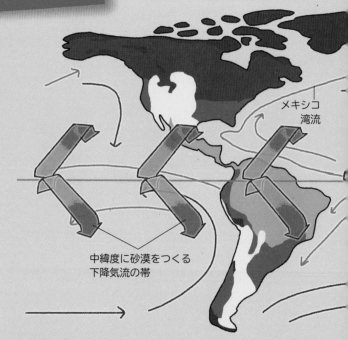

メキシコ湾流

中緯度に砂漠をつくる
下降気流の帯

そこが大気の大循環によって，赤道で上昇した空気が下降する高気圧帯だからです。高気圧帯は，雲が発生しにくく，雨も降りにくいのです。

高緯度にもかかわらず，温帯気候のイギリス

　高緯度にもかかわらず，イギリス付近などが温帯気候なのは，アメリカ沖から流れてくるメキシコ湾流の大きな影響があります。 熱帯大西洋で温められた海流は，貿易風の吹く熱帯を西に進み，アメリカ大陸沿岸に達します。その後，アメリカ大陸沿岸を北上し，偏西風の吹く中緯度を北東に流れ，ヨーロッパの沖合にまで到達します。

　こうした大気の大循環と海流の作用に，山脈などの地形の影響が加わって，地球の気候はつくられているのです。

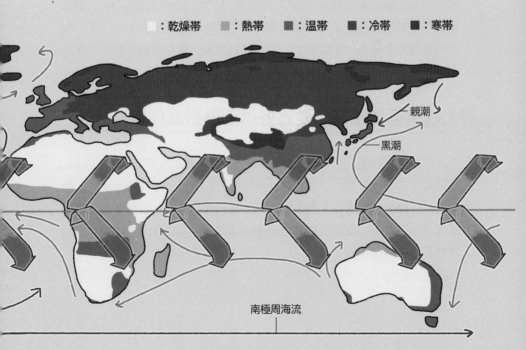

■:乾燥帯　■:熱帯　■:温帯　■:冷帯　■:寒帯

親潮

黒潮

南極周海流

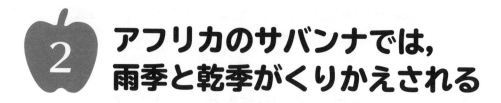

2 アフリカのサバンナでは, 雨季と乾季がくりかえされる

太陽光が垂直に当たる場所が移動する

　ここからは, 世界の特徴的な気候をみていきましょう。樹木の少ない大草原「サバンナ」が広がるケニア。この国を代表する気象に, 雨季と乾季があります。46ページで紹介した大気の大循環モデルから考えると, ケニアの位置する赤道は, 太陽光がほぼ垂直に当たって強く温められ, 上昇気流が発生して雲をつくりそうです。そのためケニアには, 常に多量の雨が降っているのではないかと想像できます。しかし, 現実には地球は地軸を傾けて太陽のまわりを公転しており, 6月〜9月にかけては北半球側に, 12月〜2月にかけては南半球側に, 太陽光が垂直に当たる場所は移動します。その移動にともなって, 雨が降る低気圧帯も, その南北にある亜熱帯高圧帯も移動するのです。

春と秋は低気圧帯, 夏と冬は亜熱帯高圧帯に

　ケニアは, 垂直に太陽光が当たる春と秋は, 低気圧帯に取りこまれ, 雨が降りつづけます。しかし, 夏や冬はこの低気圧帯からはずれ, 亜熱帯高圧帯の支配下に入るため, 雨の降らない日がつづきます。こうしてケニアには, 年間2回ずつ雨季と乾季がつくられているのです。こうした気候は「サバンナ（サバナ）気候」とよばれています。

ケニアの乾季と雨季

季節ごとにケニアをおおう低気圧と高気圧が入れかわるようす
をえがいています。乾季では高気圧におおわれ，雨季では低気
圧におおわれています。

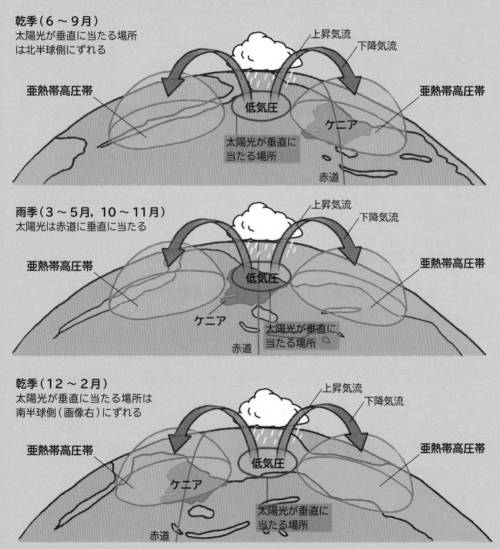

乾季（6〜9月）
太陽光が垂直に当たる場所
は北半球側にずれる

上昇気流
下降気流
亜熱帯高圧帯
低気圧
ケニア
太陽光が垂直に
当たる場所
亜熱帯高圧帯
赤道

雨季（3〜5月，10〜11月）
太陽光は赤道に垂直に当たる

上昇気流
下降気流
亜熱帯高圧帯
低気圧
ケニア
太陽光が垂直に
当たる場所
亜熱帯高圧帯
赤道

乾季（12〜2月）
太陽光が垂直に当たる場所は
南半球側（画像右）にずれる

上昇気流
下降気流
亜熱帯高圧帯
低気圧
ケニア
太陽光が垂直に
当たる場所
亜熱帯高圧帯
赤道

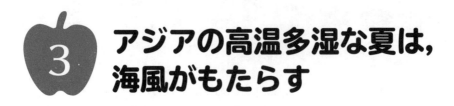

アジアの高温多湿な夏は，海風がもたらす

夏の昼間，海から陸へ風が生じる

　陸は，海より温まりやすいという特徴があります。夏には，太陽が昇ると陸の温度が上がり，陸上では低気圧ができます。一方，海上は陸にくらべて気温が低く，空気が重いので，高気圧になります。**その結果，昼間は気圧の高い海から気圧の低い陸へ向けて，風が生じます。**これが，海風です。夜は急激に陸地の温度が下がり，高気圧ができます。その結果，昼とは逆に陸から海に向かって陸風が吹きます。このような一日の変化の中で海と陸で吹く風は，海陸風とよばれています。

アジアはモンスーンが吹く地域

　海風・陸風と似たメカニズムで，大規模な範囲で生まれる風が，「モンスーン（季節風）」です。アジアは，モンスーンが吹く地域として有名です。夏になると，大陸（たとえばインド亜大陸）の温度が上がり，低気圧ができます。一方，陸地にくらべて温度の低い海（インド洋）には，高気圧ができます。すると，海から大陸に向かって，南西の風であるモンスーンが吹きます。この風は温かく，大量の水蒸気を含んでいます。この風が，高温多湿の夏をもたらします。一方冬は，低気圧と高気圧の位置関係が大陸と海で逆になり，大陸奥地から冷たい風が吹きます。このような気候を，「モンスーン気候」といいます。

インドのモンスーン

夏（6～7月）のインドで発生する南西からのモンスーンは，
エベレストがあるヒマラヤ山脈にぶつかって，雨を降らせます。

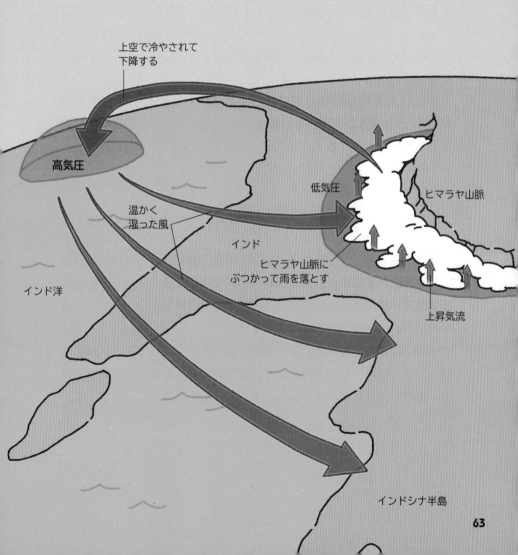

上空で冷やされて
下降する

高気圧

低気圧

ヒマラヤ山脈

温かく
湿った風

インド

ヒマラヤ山脈に
ぶつかって雨を落とす

インド洋

上昇気流

インドシナ半島

イギリスが年中温暖なのは，温かい海流があるから

イギリス周囲の海水温は，高い

　北海道よりも500キロメートル以上も北に位置するイギリスのロンドンは，年平均気温が10℃であり，日本の東北地方とほぼ同じです。ロンドンは冬でも温暖で，月平均気温が氷点下になることもありません。これはなぜでしょうか。

　イギリスの周囲の海水温に注目すると，高緯度にしては温かい10℃以上の海水が広がっています。大西洋の向かい側の同緯度に広がる海水温とくらべると，10℃近くも温かくなっているのです。

海流は地球規模の熱の運び屋

　海流を見ると，アメリカのフロリダ半島のあたりからヨーロッパに向かって流れる海流が，はるばる大西洋を横断して，イギリス付近にまで熱帯・亜熱帯地方の温かい海水を運んでいます。ロンドンが温暖なのは，この海流のおかげなのです。

　沿岸に広がる温かい海水は，陸地が冷えこむ冬になっても，暖房となってその地域の空気を温めます。地球規模の熱の運び屋である海流は，世界各地の気候を決めるのに重要な役割を果たしているのです。

年中温暖なイギリス

イラストにある同緯度・同縮尺の日本とくらべると，イギリスは北海道よりも北に位置することがわかります。それにもかかわらず，イギリスが年中温暖なのは，海流の影響です。

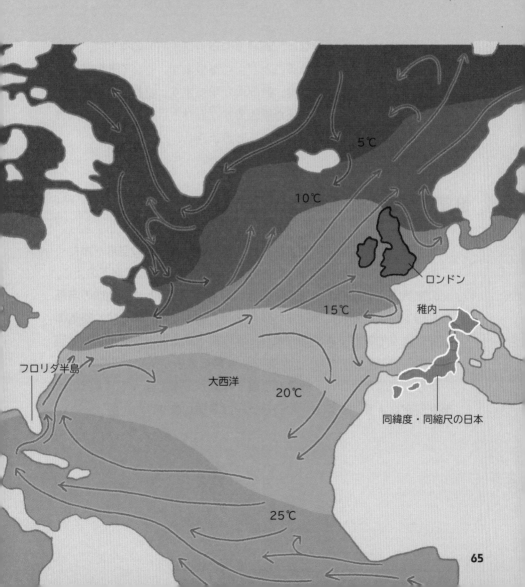

5℃

10℃

ロンドン

15℃

稚内

フロリダ半島

大西洋

20℃

同緯度・同縮尺の日本

25℃

65

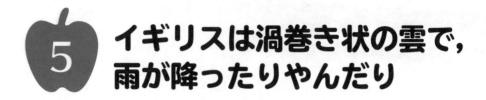

イギリスは渦巻き状の雲で，雨が降ったりやんだり

渦巻き状の雲をともなった低気圧が通過する

イギリスやノルウェーなど，高緯度のヨーロッパの国々では，雨が降りだしても数十分で晴れることがよくあります。そしてその晴天も数十分でくずれ，ふたたび短い時間雨が降ります。**これは，渦巻き状の雲をともなった温帯低気圧が原因です。**渦巻き状の雲と，その間の晴れ間が，連続して通過するためにおきます。

低気圧の中心に雲が巻きこまれる

北半球では，基本的に南の空気が温かくて軽く，北の空気が冷たくて重い状態です。二つの空気の接触面では，南の暖気が北の寒気の上に，北の寒気が南の暖気の下に移動しはじめます。このとき，地球の自転の影響で，それぞれ反時計まわりにまわりこみます。**そして，暖気の上昇によって雲ができて雨が降り，さらに上昇気流が強まることで回転の中心の気圧が下がり，北大西洋の温帯低気圧が発達するのです。**

やがて時間がたつと，暖気が上層，寒気が下層となって，大気の状態が安定します。すると，温帯低気圧は衰弱します。

イギリス付近の温帯低気圧

　イラストは，イギリス付近の温帯低気圧のイメージです。低気圧の中心に向かって雲が渦状になっています。このような低気圧が通過すると，天気は雨と晴れを連続してくりかえします。

低気圧の中心に向
かって反時計まわ
りに渦を巻く雲

低気圧の中心

イギリス

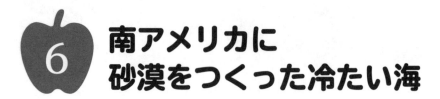

6 南アメリカに 砂漠をつくった冷たい海

海沿いに広がる不思議な砂漠

　砂漠といえば，海から遠くはなれた大陸内部に広がるものが思い浮かびます。ところが，海沿いに細長く広がる不思議な砂漠があります。チリの「アタカマ砂漠」です。

　アタカマ砂漠の沖合いには，「ペルー海流（フンボルト海流）」が流れています。この海流は，南から冷たい海水を運んでくるため，沿岸の海水温は低くなっています。

下降気流が上昇気流をさまたげる

　この地域では，冷たい海上に高気圧が居座っています。この高気圧から吹く風（南西風）が，低温の海によって冷やされた空気を陸に送りこみます。冷たい空気は，少しの量しか水蒸気を含むことができません。そして，水分の少ない空気が陸地で温められると，湿度が低下し，乾燥した空気になります。こうして，この地域では，雲ができにくいのです。

　さらに，高気圧にともなう下降気流が上空に空気のふたをつくり，雲を生む上昇気流が発生しづらくなっています。こうして海の冷たさに加え，さまざまな条件が重なり，海沿いに砂漠が生まれたのです。

海沿いに細長く広がる砂漠

チリのアタカマ砂漠は，海沿いに細長く広がるめずらしい砂漠
です。南アメリカ大陸西側にある高気圧から吹く風が，冷たい
海で冷やされて陸地に吹きつけることで，砂漠ができました。

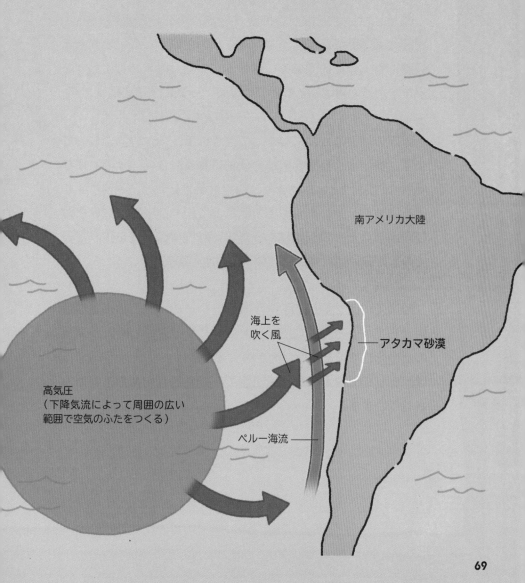

南アメリカ大陸

海上を
吹く風

アタカマ砂漠

高気圧
（下降気流によって周囲の広い
範囲で空気のふたをつくる）

ペルー海流

砂漠の死亡原因1位は，溺死

乾燥した大地が広がる砂漠。砂漠での死亡原因の1位は，意外にも溺死なんです。雨が降らないというイメージがある砂漠にも，年に数回あるいは数年に1回，雨が降ることがあります。その雨はしとしとではなく，一気に大量に降ります。

砂漠の地面はかたくしまっているので，雨は地面にしみこまず，勢いよく表面を流れ，低地に集まります。そのような場所は「ワジ」とよばれます。ワジは平坦なため，通常は人が通る道や，テントを張る場所となっています。しかしひとたび雨が降ると，ワジに集まった水は鉄砲水のように流れ，多くの人が逃げ切れずに亡くなってしまうのです。

砂漠での死亡原因の1位が溺死というのは，このような理由からです。2009年には，サウジアラビアで106人が洪水のため死亡するという，大きな災害がありました。2015年には，チリのアタカマ砂漠の洪水で，犠牲者が出たことが報告されています。

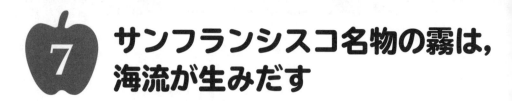

7 サンフランシスコ名物の霧は，海流が生みだす

北風によって，表面の海水が沖へと運ばれる

アメリカ西海岸，カリフォルニア州のサンフランシスコでは，夏になると非常に多く霧が発生し，街をおおいかくしてしまうことがあります。この霧の発生には，海がかかわっています。

サンフランシスコの付近では，1年を通して北風が吹いています。自転の影響で北半球では，北風は表面の海水を西へと動かします。これは，岸から沖へと向かう方向です。風によって表面の海水が沖へと運ばれてしまうと，その分の海水をどこかから補充しなければなりません。

湿った空気が冷たい海水で冷やされる

南北の長い距離にわたって北風が吹いており，表面の海水が沖合いにもっていかれるという状況であれば，海水は下からわき上がってくるしかありません。これを，「沿岸湧昇」といいます。

海面から数百メートル下には冷たい海水の層が広がっています。沿岸湧昇でわき上がってくるのは，この冷たい海水です。太平洋の沖合いからやってきた湿った空気が，サンフランシスコ沿岸の冷たい海水で冷やされて，水蒸気が細かな水滴となり霧が発生するのです。

沿岸湧昇のしくみ

海上を北風が吹くと，表面の海水を西へと動かす現象がおきます。サンフランシスコ沿岸では，表面の海水が沖へ運ばれると地下深くの冷たい海水がわき上がります。これが，霧が発生する要因となっています。

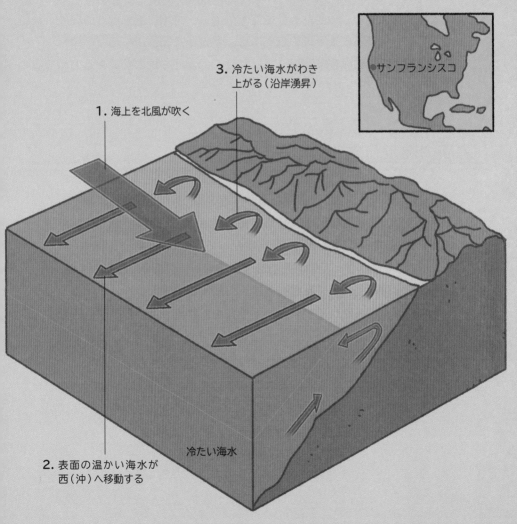

3. 冷たい海水がわき
   上がる（沿岸湧昇）

1. 海上を北風が吹く

●サンフランシスコ

冷たい海水

2. 表面の温かい海水が
   西（沖）へ移動する

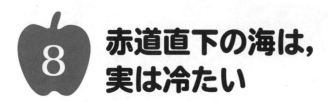

赤道直下の海は，実は冷たい

赤道直下の海は，地球で最も温かい？

　太陽がほぼ真上から当たる赤道直下の海は，地球で最も温かい海のはずです。ところが太平洋の東部では，赤道上に周囲より冷たい海水の帯が細くのびています。いったいなぜこのような現象がおきるのでしょうか。

表面の海水が南北に引き裂かれる

　赤道には，「貿易風」とよばれる西向きの風（東風）がつねに吹きこんでいます。東風が吹くと，自転の影響を受けて，赤道の北側（北半球，イラスト左側）では海水が北に向かって動かされ，赤道の南側（南半球）では南に向かって動かされます。つまり，赤道を東風が吹くと，表面の海水は南北に引き裂かれるように動くのです。

　海水が南北に移動してしまうと，それをおぎなうように下層に広がる冷たい海水が表面へとわき上がってきます。この現象は，「赤道湧昇」とよばれます。これが，赤道にのびる冷たい海水の帯の正体です。

赤道湧昇のしくみ

赤道上では，貿易風の影響で表面の海水が南北に引き裂かれる
ように動いています。その結果，サンフランシスコの沿岸湧昇
のように，海の深くから冷たい海水が湧き上がってきます。

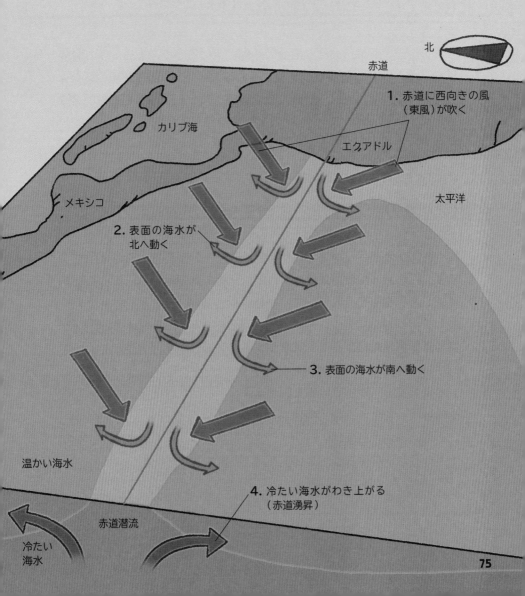

北

赤道

1. 赤道に西向きの風
  （東風）が吹く

カリブ海

エクアドル

メキシコ

太平洋

2. 表面の海水が
  北へ動く

3. 表面の海水が南へ動く

温かい海水

4. 冷たい海水がわき上がる
  （赤道湧昇）

赤道潜流

冷たい
海水

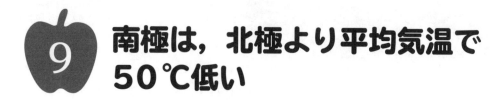

9 南極は，北極より平均気温で 50℃低い

北極域では海洋の保温効果がはたらく

　このページでは，北極と南極の気候についてみてみましょう。北極域のスバールバル諸島（北緯76度）の年間平均気温（平年値）は，マイナス4℃です。一方，南極大陸にあるボストーク基地（南緯78度）の年間平均気温は，マイナス55.2℃を記録しています。なぜ北極と南極で，これほどの差があるのでしょうか。

南極大陸の放射冷却によって気温が大幅に下がる

　北極域の氷の下には1400万平方キロメートルにおよぶ海洋があります。この海洋の保温効果によって，北極の気温はいちじるしく低下することはありません。一方，南極には，面積1360万平方キロメートル，平均標高2300メートルの大陸があります。冬場はこの大陸でおきる放射冷却によって，気温が大幅に下がります。気温がマイナス65℃を下まわることもめずらしくありません。

　冬になると，南極では高気圧が発達し，しばしば周囲に向かって風を吹きだします。南極大陸はお椀を伏せたような形をしているため，この風は高地から低地に向かって吹き下ります。その速度は，毎秒数十メートルになることもあります。この風を「カタバ風」といいます。

南極で吹く冷たい風

南極大陸は，お椀を伏せたような形をしています。大陸中央で
高気圧が発生すると，斜面を吹きおりる「カタバ風」という寒
風が吹きます。

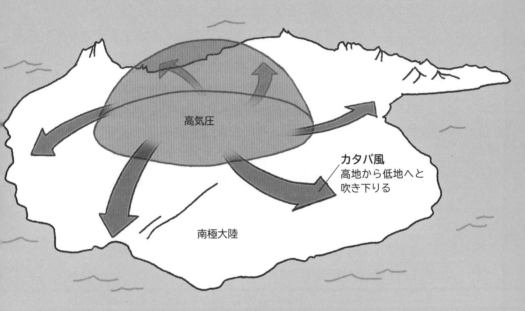

高気圧

カタバ風
高地から低地へと
吹き下りる

南極大陸

南極大陸の断面図
南極大陸は，基盤となる大陸の上に厚さ2000メートル前後の氷床が乗っ
ています。なお，この断面図は，高さを強調してえがいています。

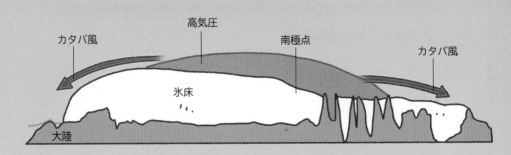

カタバ風   高気圧   南極点   カタバ風

氷床

大陸

77

天気の言い伝えは, 根拠があるの？

　　天気にまつわる言い伝えは, 各地に数限りないほど存在します。人々はその言い伝えを, 日々の営みの参考にしてきました。これらの言い伝えに, 科学的根拠はあるのでしょうか。

　　例えば, 「夕焼けの次の日は晴れ」という言い伝えは, 天気は西から変わるために西の空に雲がなく夕焼けがよく見えるとき, その翌日も晴れるというものです。ただし, そうでないときにも夕焼けが見えることはあるので, この言い伝えは必ずあたるというものではありません。

　　また, 「太陽や月のまわりに光の輪がかかると天気が悪くなる」という言い伝えもあります。光の輪は, ハロとよばれるもので, 巻層雲という高い空の雲が出ているときにあらわれます。西から温帯低気圧が近づいているとき, 巻層雲が出やすく, ハロも見えやすくなります。ハロが見えてから雲がだんだんと厚みをましてくると, 天気がくずれる可能性が高いと考えてよいでしょう。

ケッペンは生涯現役

1846年
ドイツに生まれた
ウラジミール・ペーター・
ケッペン

植物と気候を
結び付けよう!

植物の分布に着目した
世界の気候区分の研究に
取り組む

気候区分の改良に
とりくみつづけ
最終版を出版するまで
約50年の年月をかけた

バージョンアップ命!

70歳を過ぎてから
古気候学の研究を開始。
94歳で亡くなる
2、3日前まで
論文に手を加えていた

研究命!

ケッペンの気候区分は
彼の死後も改良され
ウィキペディアで最も
引用される文献と
なっている

気象学者の縁

1911年、気象学者アルフレッド・ウェゲナーが自身の本のチェックをケッペンに依頼

先生お願いします!

ウェゲナーは自宅に招かれることもあった

これがきっかけでウェゲナーとケッペンの娘エルゼは結婚!

めでたい!

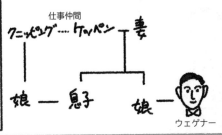

その後、ウェゲナーは「大陸移動説」という革新的な説を唱える

お義父さんとの本!

ケッペンは最初喜んでいなかったが後には共著を出すほど応援した

ちなみに、112ページに出てくるクニッピングの娘はケッペンの息子と結婚

ケッペンを中心として気象学者の縁がつながっていった

仕事仲間
クニッピング‥‥‥ケッペン ━━ 妻

娘 ━ 息子　　娘 ━

ウェゲナー

4. スーパー台風と 集中豪雨

昨今，台風による大雨などで甚大な被害が発生しています。第4章では，台風やゲリラ豪雨がおきるしくみや，地球温暖化による今後の影響などを紹介します。

① 積乱雲が集まって台風ができる

次々と発達した積乱雲が，台風の種となる

　毎年，夏から秋に日本に襲来する台風。**台風は，多くの積乱雲が集まって渦をつくったもので，熱帯の海で生まれます。** 赤道に近い低緯度の海域は海水温が高く，上昇気流が生じやすくなっており，次々と積乱雲が発達します。これが，台風の種です。上空に持ち上げられた水蒸気が水滴になるときには，熱が周囲に放出されます。積乱雲の中

台風の断面図

　台風の構造を，模式的にえがきました。台風では，目の周囲に発達する壁雲（アイウォール）で，最も風や雨が強くなります。台風の下側では，風が反時計まわりに吹きこみます。一方上側では，風が時計まわりに吹きだします。

台風の上側では，風が時計まわりに吹きだします。

で放出された熱は地上の気圧を下げ，やがて積乱雲の集団は「熱帯低気圧」になります。この熱帯低気圧がさらに発達して，中心付近の最大風速が秒速約17メートルより強くなると，「台風」とよばれます。

目のまわりの壁雲が発達して，暴風雨をもたらす

台風の中心部には，猛烈な風が反時計まわりに吹きこんでいます。その遠心力によって中心部まで雲が入れないことなどから，雲がほとんどありません（台風の目）。台風の目のまわりには壁のように高くそびえる「壁雲（アイウォール）」ができ，台風の中心に向かって吹きこんだ風は，この壁雲の中をらせん状に上昇しています。この上昇気流によって壁雲はさらに発達し，雲の下の地域に，暴風雨をもたらすのです。

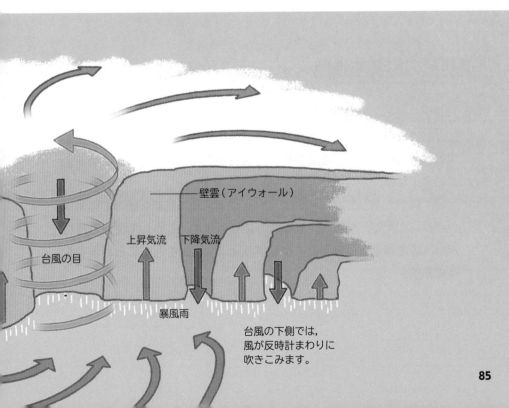

壁雲（アイウォール）

上昇気流　下降気流

台風の目

暴風雨

台風の下側では，
風が反時計まわりに
吹きこみます。

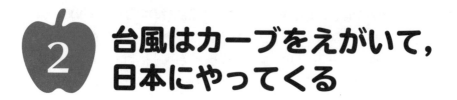

2 台風はカーブをえがいて，日本にやってくる

貿易風によって台風は西へと進む

　日本から遠くはなれた熱帯の海で生まれた台風が，なぜ日本にやってくるのでしょうか。台風は，基本的に周辺を吹く風に流されて移動します。台風の進路を決める大きな要因は，夏場に日本の東の海上にいすわる太平洋高気圧がつくる風と貿易風，そして偏西風です。

　赤道から緯度30度以下の地域には，1年を通して東から西に向かって貿易風が吹いています。そのため，熱帯の海上で発生した台風は西へと進みます（右のイラスト）。

偏西風の影響で進路を東寄りにかえる

　夏場になると太平洋高気圧が，日本の東にいすわります。この高気圧からは，時計まわりに風が吹きでています。そのため，台風は太平洋高気圧から吹きだす風を受けて，高気圧の南側から西側をまわるように北上します。

　日本付近にやってきた台風は，今度は偏西風の影響を受けて進路を東よりにかえて，北東へと進むようになります。こうして夏から秋にかけての台風は，日本列島を縦断するような進路をとることが多くなるのです。

日本を縦断する夏の台風

イラストは，8月の台風の平均的な進路です。赤道付近の貿易風と日本の東にある太平洋高気圧，日本付近で西から吹く偏西風の影響によってカーブをえがきながら日本を縦断します。

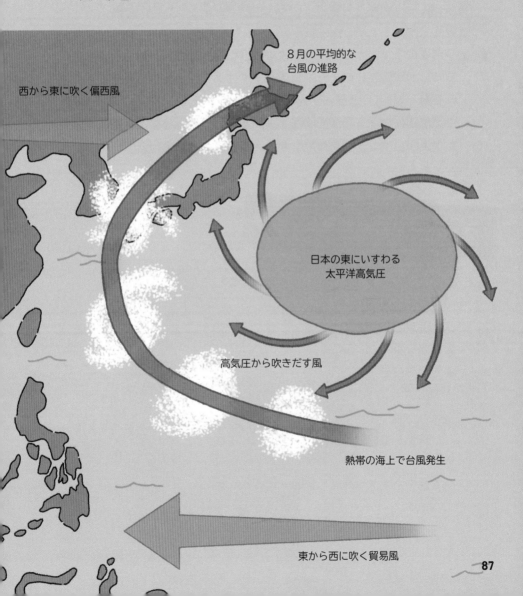

8月の平均的な
台風の進路

西から東に吹く偏西風

日本の東にいすわる
太平洋高気圧

高気圧から吹きだす風

熱帯の海上で台風発生

東から西に吹く貿易風

3 「スーパー台風」が日本に やってくるかもしれない

海面水温が高いほど，強い台風になる可能性

　台風のエネルギー源は，熱帯の温かい海水面から供給される水蒸気です。地球温暖化によって気温が上昇すると，大気中に存在できる水蒸気量が増加し,台風が発達しやすくなると考えられています。今後，地球温暖化によって海面水温が上昇すると，台風は猛烈な勢いを保ったまま，日本に上陸する割合がふえると考えられています。

スーパー台風ができるしくみ

　右ページのイラストのように，温暖化によって高温の海水の層が厚くなると，海水面の温度低下がおきづらくなります。すると，強い上昇気流が発生しつづけるため，スーパー台風ができると考えられています。

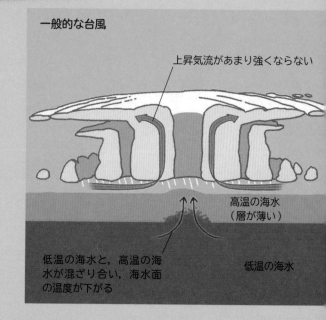

一般的な台風

上昇気流があまり強くならない

高温の海水
（層が薄い）

低温の海水と，高温の海水が混ざり合い，海水面の温度が下がる

低温の海水

深い場所の海水温も，台風の発達にかかわる

　台風は発達するにしたがって，強い風によってその下の海水をかき混ぜるようになります。そのため一般的には，表層の高温の海水が，深い場所の低温の海水とまざって温度が下がり，そこで台風は発達できなくなります。しかし，深いところまで海水温が高い場合，海面の温度が下がらないために台風の発達がつづき，強い台風ができやすいといいます。

　風速が秒速約67メートルをこえる台風は，「スーパー台風」とよばれることがあります。コンピューターシミュレーションによると，温暖化が進んだ21世紀末，スーパー台風のいくつかは，その強度を維持したまま日本付近に達すると考えられています。

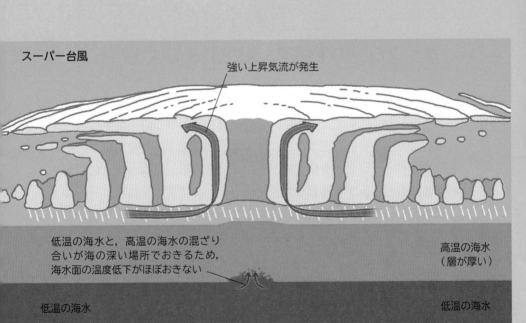

スーパー台風

強い上昇気流が発生

低温の海水と，高温の海水の混ざり
合いが海の深い場所でおきるため，
海水面の温度低下がほぼおきない

高温の海水
（層が厚い）

低温の海水

低温の海水

4 巨大積乱雲「スーパーセル」が竜巻を生む

スーパーセルは，数時間にわたって発達することも

　日本では，とくに夏〜秋にかけて多く発生し，家屋などに大きな被害をもたらす竜巻。アメリカの内陸部では，日本とはけたちがいに強い竜巻（トルネード）が数多く発生します。竜巻は，積乱雲の下で生じるはげしい渦巻きのことです。とくに強い竜巻は，大きく発達した「スーパーセル」とよばれる積乱雲から発生することが知られています。通常，積乱雲の寿命は30分〜1時間ほどです。一方スーパーセルは，雲の中の下降気流が上昇気流とは別の位置にできるため，上昇気流が弱まりにくく，数時間にわたって発達することがあります。

メソサイクロンの下側で，渦が引きのばされる

　スーパーセルは，雲全体が回転しています。また，その内部には，「メソサイクロン」とよばれる，強い上昇気流をともなう直径数キロメートル程度の小さな低気圧があります。地上の風のぶつかりあいなどで生じた渦が，メソサイクロンの下側にある上昇気流によって上に引きのばされると回転が加速します。そうして，直径数十〜数百メートルほどの細く強い渦になることがあります。それが竜巻です。竜巻の風速はときに秒速100メートルをこえます。

スーパーセル型の竜巻

　スーパーセル内の渦を巻いたメソサイクロンの下で，竜巻が生まれます。スーパーセルの底から出た円筒状の雲から，細長い「ろうと雲」が下にのびていき，地上に達すると竜巻になります。

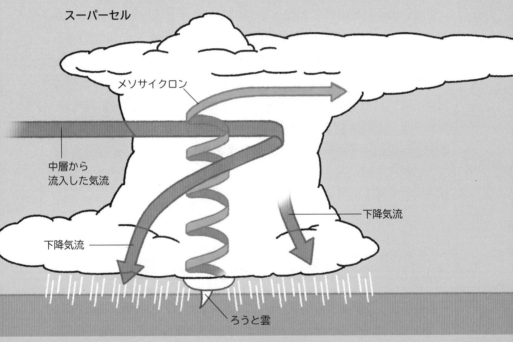

スーパーセル

メソサイクロン

中層から
流入した気流

下降気流

下降気流

ろうと雲

竜巻付近の拡大図

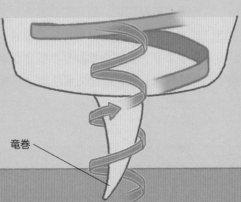

竜巻

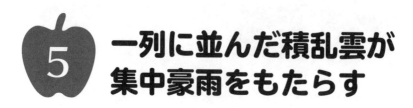

5 一列に並んだ積乱雲が 集中豪雨をもたらす

積乱雲が生まれては風に流される

　せまい範囲に数時間にわたって，100～数百ミリメートルもの大雨が降るのが，「集中豪雨」です。通常，一つの積乱雲の寿命は30分～1時間程度で，雨量は数十ミリメートル程度です。しかし，積乱雲が同じ場所で発生しつづけると，集中豪雨となります。複数の積乱雲が発生しつづけるメカニズムの一つが，「バックビルディング」という現象です。上空に適度な風の流れがある状況では，積乱雲が生まれては流されることをくりかえして，積乱雲の列ができることがあります。こうした積乱雲の列は，「線状降水帯」とよばれます。これが，集中豪雨をもたらすのです。

ゲリラ豪雨の正体は，積乱雲による局地的大雨

　また近年，「ゲリラ豪雨」という言葉をよく耳にします。その正体は，積乱雲による「局地的大雨」です。局地的大雨とは，急に強く降り，せまい範囲で数十分程度の短時間に，数十ミリメートル程度の雨量をもたらすものをいいます。集中豪雨とはちがい，単独の積乱雲によっておきることが多くあります。大気の状態が不安定な状況では，少しの空気のもち上げ（上昇気流）でも急速に積乱雲が発達することがあります。そのようなときに，局地的大雨がもたらされます。

積乱雲のバックビルディング

発達した積乱雲が風に流されて風下に移動すると，その積乱雲
から冷たい下降気流が吹きだし，地上の温かい空気とぶつかり
ます。すると，冷たい空気が地上の温かい空気を押し上げて，
隣に新しい積乱雲ができます。

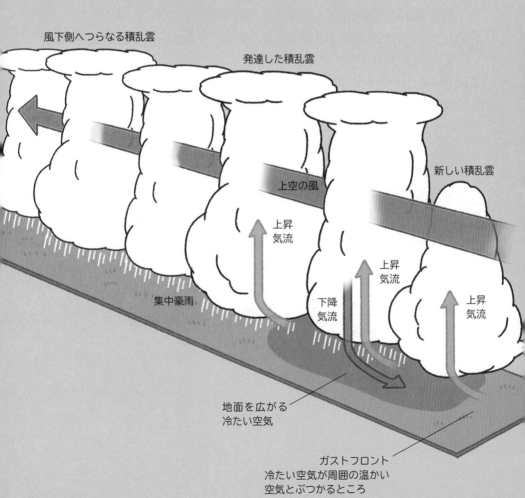

風下側へつらなる積乱雲

発達した積乱雲

新しい積乱雲

上空の風

上昇
気流

上昇
気流

下降
気流

集中豪雨

上昇
気流

地面を広がる
冷たい空気

ガストフロント
冷たい空気が周囲の温かい
空気とぶつかるところ

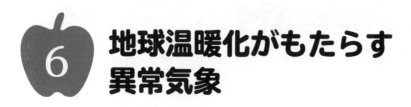

6 地球温暖化がもたらす異常気象

北極の氷が，夏には完全に消失する可能性がある

　地球温暖化とは，二酸化炭素などの「温室効果ガス」により，地球規模で気温や海水温が上昇する現象のことです。特に北極やロシア，カナダといった高緯度地域の方が温度上昇がはげしく，温暖化の対策を取らなかった場合，2050年頃には北極の氷が夏には完全に消失してしまう可能性があるといいます。北極の氷の量は重要です。氷上よりも温度の高い海水面が露出すると，その上にある大気の温度が上昇して上空の気圧が変化し，風の流れが大きく変化するのです。

降水量の地域差が大きくなる

　気温が上がると，大気中に存在できる水蒸気量が増加して雲の発達が進み，地球全体で見ると降水量がふえます。IPCC（気候変動に関する政府間パネル）によると，21世紀末には，湿潤地域で極端な大雨が増える一方で，乾燥地域で降水量が減り，地域差が大きくなると考えられています。

　またそのほかにも，気温の上昇によって，熱波や寒波など，さまざまな異常気象が引きおこされると考えられています。

世界の気温の変化

グラフは，1850年から現在までの，世界の気温の変化をあらわしています。1961年から1990年までの世界の平均気温を基準にして変化をあらわしたもので，この150年で約1℃上がっています。

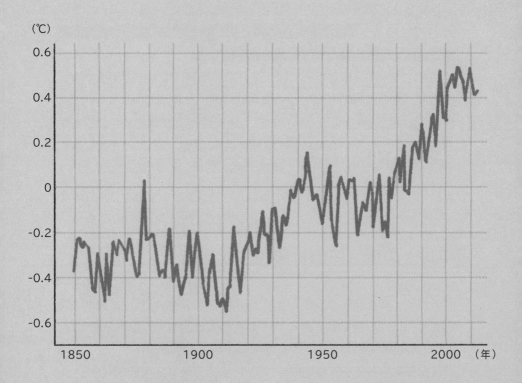

産業革命が広まった1850年ごろから，平均気温は上昇の一途をたどっているんだ。

95

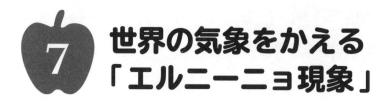

7 世界の気象をかえる 「エルニーニョ現象」

4～5年に一度，貿易風が弱まる

　世界各地に気象の変化をもたらす原因の一つに，「エルニーニョ現象」があります。エルニーニョ現象とは，東太平洋の赤道付近の海水温が，広い範囲にわたって上昇する現象です。

　通常，太平洋の赤道付近では，東から西向きにつねに貿易風が吹いており，海の表層にある温かい海水は西側にたまっています（右のイラスト上）。しかし4～5年に一度，西向きの風が弱まり，いつもは西に追いやられている温かい海水が，東側に流れこむことがあります（右のイラスト下）。すると，東側の海水温が1～5℃も上昇します。これがエルニーニョ現象です。

太平洋上の低気圧の位置が変化する

　エルニーニョ現象がおきると，普段は西側にある低気圧が温かい海水とともに東に移動してきます。太平洋上の低気圧の位置の変化は，連鎖的に世界中の大気の状態をかえてしまいます。これが，世界各地に異常気象をもたらす要因の一つです。エルニーニョ現象がおきると，日本やアメリカ大陸では多雨になりやすく，オーストラリアなどでは逆に干ばつがおきやすくなる傾向があります。

エルニーニョ現象

普段，太平洋の赤道付近では，西向きの貿易風の影響で，温かい海水が西側にたまっています。しかし4〜5年に一度，貿易風が弱まり温かい海水が東側に流れこみます。これがエルニーニョ現象です。温かい海水とともに低気圧の位置がかわり，世界中で天候の変化がおきます。

通常の状態

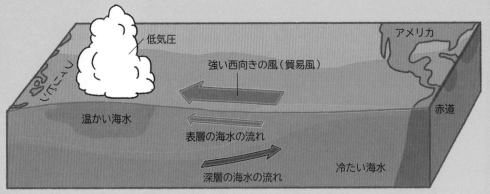

エルニーニョ現象

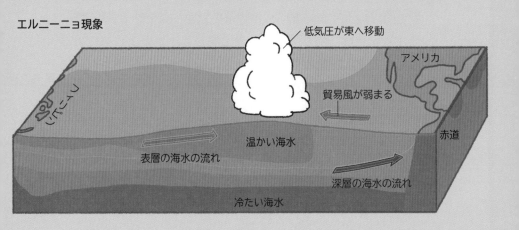

雨の日のにおいは，何のにおい？

　雨が久しぶりに降ったときに外に出ると，特有のにおいがすることがあります。決していやなにおいではなく，懐かしいような，落ち着くような……あなたは経験ありますか？

　実はあのにおいには，名前がついています。その名も「ペトリコール」です。1960年代に発表された論文の中で使われました。その論文では，石や岩石に吸着された植物由来の油分が，雨によって放出されることで，雨のにおいが発生することが明らかにされました。雨の日の，さわやかな心地よいようなにおいは，ここに由来しているといわれています。

　また，土の中にいる細菌がつくる「ゲオスミン」という物質も，雨の日のにおいをつくる物質の一つだといわれています。ゲオスミンは，雨が降ったときに感じる，土のようなにおいのもとです。細菌が死ぬとゲオスミンが土中に放出され，雨が降ったときにそれが大気中に拡散することで，私たちの鼻に届きます。

大雨はふえているの？

 また大雨で大変な被害が出てしまいましたね……。大雨は多くなっているんですか。

 気象庁によると，1時間に50ミリ以上降る大雨の，2009〜18年の10年間の年平均発生回数は約311回じゃ。君のご両親が子どものころ，1976〜85年の10年間は約226回じゃったから，約1.4倍になっておるな。

 うーん。じゃあ，降水量も多くなったんですね。

 そうでもないんじゃ。大雨の回数はふえておるが，まったく降らない日もふえておる。つまり，一度にまとまった雨が降る傾向にあるんじゃ。

 いったいなぜ，大雨の回数がふえているんでしょうか？

 地球温暖化の影響が指摘されておる。これから世界が一丸となって温暖化対策に取り組まんといかんのじゃ。

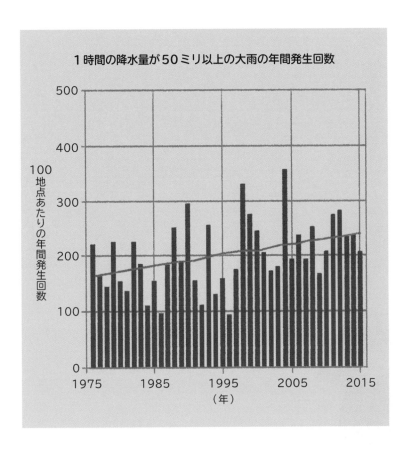

１時間の降水量が５０ミリ以上の大雨の年間発生回数

5.天気予報のしくみ

毎日，新聞やニュースで天気予報を見かけます。未来の天気を，
いったいどうやって予測しているのでしょうか。第5章では，
天気予報のしくみをみていきましょう。

陸，海，空，そして宇宙から大気を観測

1930年代に高層大気の観測がはじまる

未来の天気を予測するには，地表から上空までの大気のようすを知ることが必要です。観測機器が今よりとぼしい時代，上空の大気のようすは，雲の変化や地上の気圧の変化などから，間接的に推測するしかありませんでした。1930年代になると，気球に観測機をつるして上空に放つ「ゾンデ」による高層大気の観測がはじまりました。

さまざまな観測機器

観測機器には，その地点の気圧や温度などを直接観測するものと，レーダーなどを利用してはなれた地点の気象を観測するものがあります。前者は地域気象観測システム，気象観測船などで，後者は気象レーダーや静止気象衛星などです。

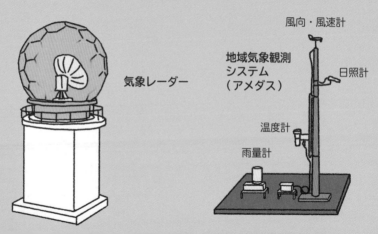

気象レーダー

風向・風速計

地域気象観測
システム
（アメダス）

日照計

温度計

雨量計

気象衛星は海上の観測不足を補っている

　　現代では，さまざまな観測機器が，気圧，気温，風向風速，水蒸気量などの大気の状態を，対流圏（地表からおよそ8～16km上空まで）よりもさらに高い領域までとらえています。

　地上では，気象台や「地域気象観測システム」がその地点の気象を直接観測するだけでなく，「気象レーダー」や「ウィンドプロファイラ」が上空の雨雲や風をとらえています。気象レーダーは，1台で周囲約数百キロメートルの雨雲や雪雲の観測が可能です。海上でも，「気象観測船」や「漂流ブイ」が国際協力のもと気象観測を行い，上空では「航空機」や「気象衛星」が気象観測を行っています。気象衛星は海上の観測不足を補うという，重要な役割を果たしています。

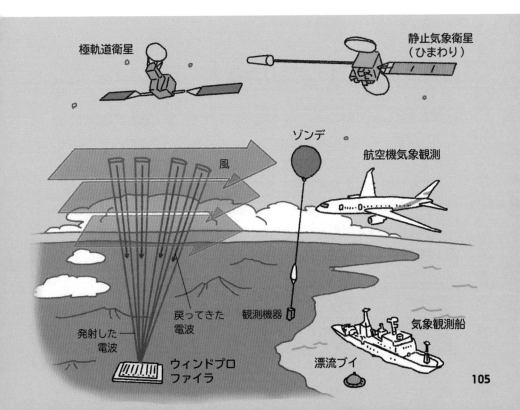

スーパーコンピューターで，地球の大気をシミュレーション

数値予報ではまず仮想の地球と大気を設定する

現代の天気予報は，スーパーコンピューターが膨大な計算をしてはじきだした，「数値予報」とよばれるものを土台にしています。

数値予報ではまず，コンピューター上に仮想の地球と大気を設定します。その大気を細かな格子にくぎり，それぞれの格子に温度や湿度といった大気の状態をあらわす値を割りあてます。そしてそれらの値がどのように変化するのかを，物理法則にもとづいた予報のプログラム（モデル）を用いて計算するのです。

1日先の天気をわずか10分程度で予測

計算をはじめる際に，すべての格子にあたえておく値を，「初期値」とよびます。初期値には，現実の大気の状態をできるだけ正確に反映させておく必要があるため，世界中の観測データが使われています。

地球全体の大気の状態を予想するモデルは，全球モデルとよばれます。いくつかの国の気象機関，たとえば日本では気象庁が，独自の全球モデルの開発と運用を行っています。全球の1日先の天気は，わずか10分程度で予測できてしまいます。

全球モデルのイメージ

地球全体を格子で細かく区切って計算が行われます。細かさが
増すほど，より規模が小さい気象まで予報できます。どこまで
細かくするかは，用途に応じて使い分けられています。

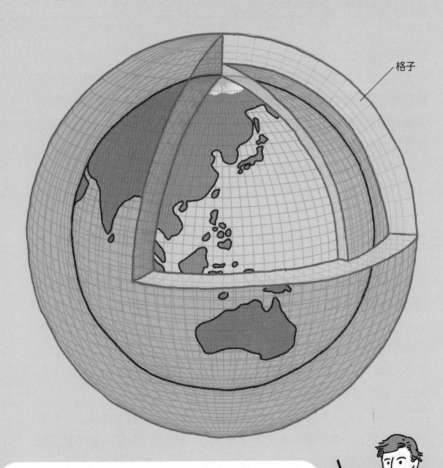

格子

細かくすればするほど，細かい現象を再現できる
ようになる反面，計算量が膨大になるのです。

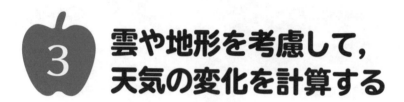

雲や地形を考慮して，天気の変化を計算する

大気の流れを支配する基本の方程式

　天気の変化，つまり大気の運動や水の状態の変化は，単純なものではありません。数値予報モデルでは，大気の流れ（風）を支配する「運動方程式（流体力学の方程式）」，大気・水蒸気量の変化に関わる「質量保存の式（連続の式）」，気温変化に関わる「熱力学第一法則」や「気体の状態方程式」を使います。これらが基本の方程式として，大気を支配する"骨格"となります。

格子間隔より小さな雨雲の影響も，計算に組みこむ

　さらに，太陽光や，太陽に温められた地面や雲が放つ熱，地表・海面の影響も，計算に反映されています。大気は太陽光を吸収した地表や海面によって，下から温められています。こうした効果が，地表が針葉樹でおおわれているのか，あるいは草原なのか，積雪や海氷があるのかなどを考慮したうえで見積もられ，計算に反映されるのです。また，地形が気流へ及ぼす影響も考慮されています。

　雲についてもモデルの中で計算します。ただし，格子間隔よりも雲が小さい場合，直接雲を表現できません。そこで，気温や上昇気流などから，どのくらい雲がありそうかを考慮し，計算をしています。

気象に影響する要因

イラストは，コンピューターによる数値予報で考慮される大気中の現象を示しています。大気の流れや水蒸気量のおおまかな変化など，さまざまな現象の影響が組みこまれています。

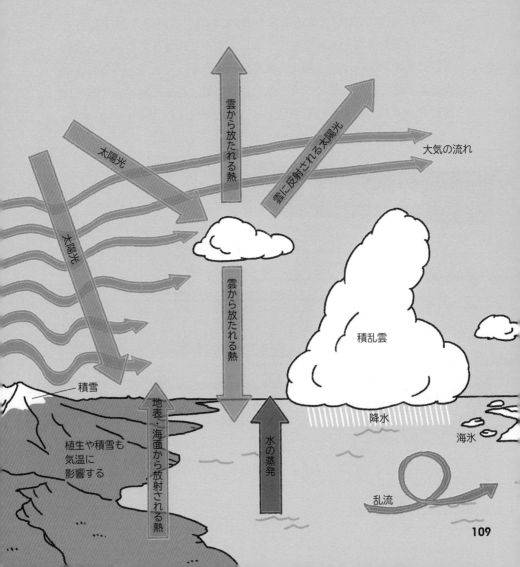

雲から放たれる熱

太陽光

雲に反射される太陽光

大気の流れ

太陽光

積乱雲

雲から放たれる熱

積雪

地表・海面から放射される熱

植生や積雪も気温に影響する

水の蒸発

降水

海氷

乱流

計算値を翻訳して，天気予報は完成する

初期値が，予報精度を左右する

　予報計算は，「地球全体の現在の大気の状態」を出発点（初期値）として，計算をスタートします。しかし，モデルのすべての格子を埋めるほどの観測データは，現代の気象観測網をもってしても得られません。このため，一つ前につくられた予報結果と最新の観測値を照らし合わせ，ずれのある個所を修正して，初期値として利用しています。

天気予報をつくる手順

　コンピューターによる数値予報は，観測データを反映した初期値づくり（1），モデルを使った予測計算（2），予報結果の修正や表現形式を変える応用処理（3）の手順で行われます。

1. "現在の地球の大気の状態" をコンピューター内につくる

1-a. コンピューターで予想した
　　 "現在の大気"

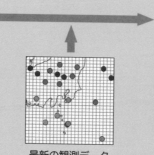

最新の観測データ

1-b. 観測データで補正した
　　 "現在の大気"

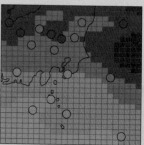

数値予報では，小さな誤差が時間とともに増大する性質があります。**いかに誤差の少ない初期値をつくるかが，予測精度を左右するのです。**

数字の羅列を，人が理解しやすい形にする

予報計算のあとには，蓄積した過去の統計データをもとに，結果の補正が行われます。気温が高くなりやすい地形の場所は気温を高めにするなど，予報計算で出した値に下駄をはかせるのです。

数値予報の結果は数字の羅列であり，そのままではあつかいにくいデータです。**そこでコンピューターに，晴れや雨などの天気，降水確率，最高気温，最低気温など，人が理解しやすい形へデータ変換（翻訳）を行わせます。**

3.精度を高める／"翻訳"する

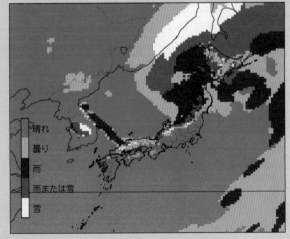

2.予測計算

晴れ
曇り
雨
雨または雪
雪

過去のデータをもとに精度を上げたうえで，数値データを翻訳します。こうして人が理解できる天気予報ができます。

日本初の天気予報

　今では当たり前のように，ニュースや新聞で天気予報を見ることができます。日本では，いつごろから天気予報がはじまったのでしょうか。

　明治時代，日本政府は国の発展のために，気象観測に着手します。明治5年（1872年），日本ではじめての気象観測所を函館に開設し，さらにその3年後に，東京都港区虎ノ門に東京気象台を開設しました。こうして1日3回の気象観測がはじまったのです。

　そして，明治17年（1884年）6月1日，ドイツ人の気象学者エルビン・クニッピング（1844〜1922）によって，ついに日本ではじめての天気予報が出されます。それは，「全国一般風ノ向キハ定リナシ天気ハ変リ易シ但シ雨天勝チ」というものでした。わずか一文で全国の天気をあらわすという，とてもシンプルなものだったのです。この予報は，東京の派出所などに掲示されました。

虎ノ門の東京気象台

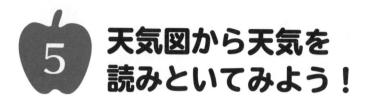

5 天気図から天気を読みといてみよう！

等圧線の間隔がせまい場所ほど，風が強い

　　ニュースや新聞では，天気図（地上天気図）をよくみかけます。これは，地上の大気のようすをえがいたものです。ここからは，天気図について紹介しましょう。

　　天気図でまず目につく曲がりくねった線は，気圧が同じ地点を結んだ「等圧線」です（イラスト①）。風はおおよそ気圧の高い場所から低い場所へ向かって吹き，等圧線の間隔がせまい場所ほど風は強くなります。

低気圧や前線は，大気が上昇する場所

　　等圧線が輪っかのように閉じて，周囲より気圧が高い場所は「高気圧」，低い場所は「低気圧」とよびます（イラスト②）。高気圧では下降気流が，低気圧では上昇気流が生じています。温かい空気と冷たい空気がぶつかった境目は，「前線」とよびます（イラスト③）。

　　高気圧や低気圧の位置（気圧配置）や，前線の位置に注目すると，天気のおおまかな傾向を把握できます。一般に，空気が上昇する場所では，雲が発生しやすくなります。低気圧や前線は大気が上昇する場所であり，これらがある場所では，天気がくずれやすくなります。

日本の東に二つの低気圧

2014年3月5日21時（日本時間）の天気図です。関東地方の
東の海上と三陸沖に低気圧があり，北東に進んでいます。低気
圧や前線の付近で，天気がくずれていると予想されます。

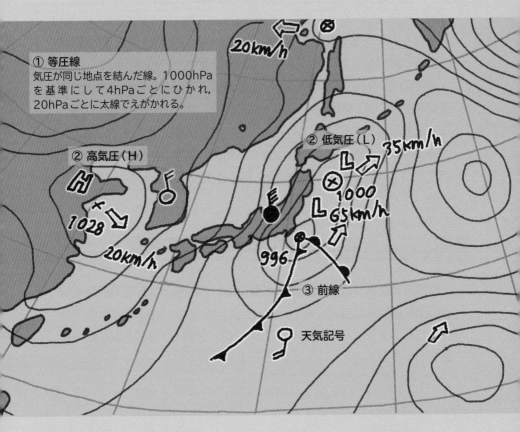

① 等圧線
気圧が同じ地点を結んだ線。1000hPa
を基準にして4hPaごとにひかれ，
20hPaごとに太線でえがかれる。

② 高気圧（H）

20km/h

② 低気圧（L）

35km/h

1000

65km/h

1028

20km/h

996

③ 前線

天気記号

② 周囲より気圧が低いと「低気圧」，
　周囲より気圧が高いと「高気圧」
高気圧は「高」や「H」（Highの略），低気
圧は「低」や「L」（Lowの略）の記号で示さ
れます。高気圧や低気圧の中心には「×」印
が記され，気圧の値が「hPa」の単位で示さ
れます。高気圧では晴れやすく，低気圧で
は天気がくずれやすくなります。

③ 前線
前線は移動方向などによって種類がことなり
ます。寒気団側に移動する温暖前線，暖気団側
に移動する寒冷前線，同じ位置にとどまってい
る停滞前線，寒冷前線が温暖前線に追いつく閉
塞前線があります。前線では上昇気流があるため，
悪天になりやすいです。

115

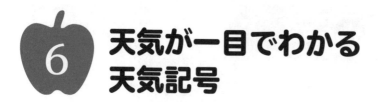

6 天気が一目でわかる天気記号

世界中で使われる国際式天気記号

　前ページの天気図には,「天気記号」がのっていました。天気記号
からは,観測地点の天気のようすがわかります。

　世界中で一般に使われるのが,「国際式天気記号」です。国際式天
気記号では,丸い円の中に雲量をあらわし,円の上下に上層・中層・
下層の雲形を記します。また円の左右に現在天気,過去天気(悪天候
が観測された場合のみ)を示します。気温や露点(水蒸気を含む空気
が冷えたときに,結露する温度),気圧変化もわかります。

新聞やニュースで使われる日本式天気記号

　日本の新聞やニュースで使われるのは,国際式天気記号を簡単にし
た「日本式天気記号」です。日本式天気記号では,丸い円の中に天気
をあらわします。矢羽根の向きは風向(16方位),羽根の数が風力を
あらわしています。

国際式と日本式の天気記号

国際式では，丸い円の中に雲量をあらわします。一方，日本式では，丸い円の中に天気をあらわします。日本式が簡便なのに対して，国際式は過去の天気までわかるようになっています。

国際式天気記号

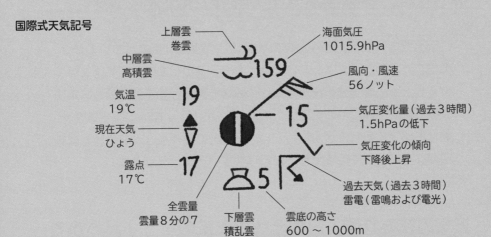

- 上層雲 巻雲
- 中層雲 高積雲
- 気温 19℃
- 現在天気 ひょう
- 露点 17℃
- 全雲量 雲量8分の7
- 下層雲 積乱雲
- 雲底の高さ 600〜1000m
- 海面気圧 1015.9hPa
- 風向・風速 56ノット
- 気圧変化量（過去3時間） 1.5hPaの低下
- 気圧変化の傾向 下降後上昇
- 過去天気（過去3時間） 雷電（雷鳴および電光）

日本式天気記号

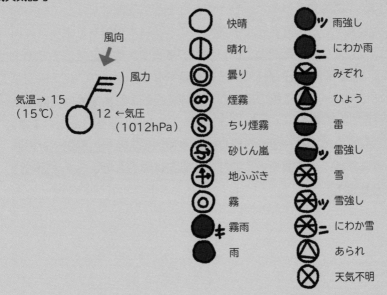

- 風向
- 風力
- 気温→ 15 （15℃）
- 12 ←気圧 （1012hPa）

快晴	雨強し
晴れ	にわか雨
曇り	みぞれ
煙霧	ひょう
ちり煙霧	雷
砂じん嵐	雷強し
地ふぶき	雪
霧	雪強し
霧雨	にわか雪
雨	あられ
	天気不明

117

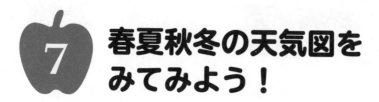

春夏秋冬の天気図を みてみよう！

春や秋は，移動性高気圧の影響で全国的に晴れ

　天気図を見れば，日本全体の天気にどのような傾向があるのかが，おおまかにわかります。ここでは，春夏秋冬の代表的な天気図を見てみましょう。春・秋の天気図には，西から東に移動する移動性高気圧がみられます。この高気圧の影響で，この日は，全国的に天気は晴れ，雲はあまり見られません。しかし，一般的に春や秋は，高気圧と低気圧が交互にやってくるため，かわりやすい天気になります。

天気図をみれば，日本全体の天気のようすがわかる

　夏の天気図を見てみると，右下の方から高気圧がはりだしているのがわかります。この高気圧におおわれると，日本付近を低気圧が通過することも少なく，天気のよい日がつづきます。それに対して冬の天気図では，西側の気圧が高く，東側が低くなっています。高気圧から低気圧に向かって吹く風の向きが，地球の自転の影響を受けて曲げられ，北西の風が吹いています。この風が日本海側に雪をもたらします。大きな大気の流れが西から東に向かっていることや，季節ごとの傾向を考えれば，天気図を見ることで日本全体の天気のようすを知ることができます。

日本の四季の代表的な天気図

　春・秋は移動性高気圧が見られます。夏は南に高気圧，北に低
気圧があります。冬は等圧線が南北に走り，西の気圧が高く，
東の気圧が低い「西高東低」になっています。

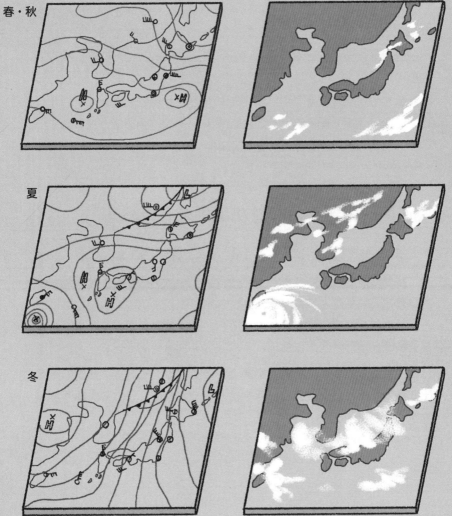

春・秋

夏

冬

天気図を読んで，台風に備える

中心気圧が低いほど，風が強い傾向

　天気図を読むことができれば，台風が接近したときどのような危険があるのか，私たち自身である程度は知ることが可能です。

　台風の勢力の目安となるのが，中心気圧です。この数値が低いほど，台風の中心に向かって吹く風が強い傾向にあります。また，台風は反時計まわりに風が吹きこむので，その東側は南風が吹きます。日本付近の台風は北東方向に向かうことが多く，その移動速度が加算されるので，台風の風は進行方向の右側（東側）でとくに強くなります。

台風と前線の組み合わせが豪雨をもたらす

　一般に台風の中心に近いほど上昇気流がはげしく，雨が強くなります。**しかし，台風の中心から遠くはなれていても，豪雨となることがあります。**天気図を見たとき，西に台風，東に高気圧が位置していると，その間には強い南風が吹きます。この南風が太平洋上の水蒸気を日本列島に運びこみ，豪雨をもたらすことがあるのです。とくに日本付近に前線があると，台風が南海上にあるときでも前線の北側の高気圧からの北風と台風のまわりの南風がぶつかって，日本で大雨となりやすくなります。

台風接近時の天気図

2005年の台風14号の天気図（上段）と，そのときの大気のイメージ（下段）です。天気図にある台風の中心気圧から勢力がわかるほか，雨や風の影響なども読み取れます。

3. 高気圧の位置に注目
台風の東に高気圧が位置していると，
その間に強い南風を吹かせる。

※気象庁提供の天気図をもとに作成

1. 台風の中心気圧に注目

前線

4. 日本付近の前線の位置に注目
台風が南海上にあるときでも，
前線が停滞していると大雨になりやすい。

H
1020

H
×
1020

990
1000
1010

2. 台風の位置に注目

高気圧

高気圧

台風

北東に進む台風
太平洋高気圧から吹きでる
風と，偏西風の影響を受けて，台風は北東に進む。

台風による南風

南風が雨を
降らせる

高気圧から
吹きだす風

台風と高気圧の
南風が合流

121

難航した富士山レーダー建設

　昭和33年（1958年）の「狩野川台風」と，昭和34年（1959年）の「伊勢湾台風」の襲来で，日本列島は2年連続で，甚大な被害を被りました。そこで，台風の襲来にそなえるために，本州全域の空を観測できる富士山レーダーの設置を求める声が上がりました。

　設置が決まったのは，昭和38年。作業は，富士山に雪のない短い期間しかできません。機械や建築資材を運ぶためのブルドーザーの道は，最初の年は八合目までしかつくれず，そこからは人と馬で運びました。強風や雷雨，極寒と気象条件は過酷で，さらに高山病にも苦しめられ，作業は難航しました。

　球形のドームのフレームは，ヘリコプターで運ばれました。空気が薄い高地では，ヘリコプターが浮き上がりづらく，600キログラムもあるフレームを運ぶのは困難です。しかし，ヘリコプターの座席などを外して軽くするなどの工夫をし，さらにパイロットのたくみな操縦により，奇跡的にドームを設置することに成功しました。こうして，昭和39年9月10日，富士山レーダーが完成しました。

数値予報の父，リチャードソン

数値予報の父と称される
ルイス・リチャードソン。
1881年10月11日
7人兄弟の末っ子として
イギリスに生まれる

母　父

1913年
イギリス気象局の
研究所監督者になり
数学を使って天気を
予報する手法を研究

数学を使えば
未来の天気が
わかるはず！

6時間後の
予報を出す計算に
取り組む

当時は
計算機がなく
手計算だった

6時間後の予報の
計算が終わったのは
2か月後。しかも
正確ではなかった

しかし
6万4000人で計算
すれば予報可能と考えた。
これをリチャードソンの
夢という

リチャードソンの夢の実現

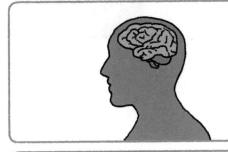

リチャードソンは47歳で心理学の学位を取得。

さらに戦争を嫌ったリチャードソンは戦争がなぜおきるのかという研究に取り組んだ

戦争に関する調査中に国境線や海岸線の長さに関する研究をはじめる

これがのちに数学の幾何学の分野の発展にも結びついた

1953年9月30日リチャードソンは死去

リチャードソンは数値予報に失敗したがリチャードソンの夢は現在、コンピューターの力で実現されている

ニュートン式
超図解 **最強に面白い!!**

宇宙

A5判・128ページ　990円（税込）

　夜空を見上げると，果てしなく広がっている宇宙を見ることができます。「この宇宙は，いつ，どうやって生まれたのだろう」「宇宙の果てはどうなっているのだろう」などと思うことはありませんか。

　本書は，宇宙の誕生から現在の姿になるまでを解説した一冊です。数々の観測データと最新の研究をもとに，宇宙の歴史をひもとき，"最強に"面白く紹介します。ぜひご一読ください！

 主な内容

138億年の宇宙の全歴史をみてみよう！

宇宙は「無」から生まれたのかもしれない
ビッグバンのなごりの光が発見された！

宇宙をつくった，謎の物質とエネルギー

ダークマターの分布がわかってきた
ダークエネルギーの正体は，天文学の最大級の謎

宇宙の"外"では，無数の宇宙が誕生している

宇宙空間は，曲がっている可能性がある
宇宙の大きさが無限か有限か，決着は着いていない

余分な知識が
満載だ！

ニュートン式
超図解　最強に面白い!!

死

A5判・128ページ　990円（税込）

　この世に生まれたものはすべて，老いて死にます。これはだれもが避けることのできない宿命です。生から死へむかう過程で，私たちの体の中でいったい何がおきるのでしょうか。

　本書は，科学的な面から死についてせまる一冊です。死とは何なのか，そして死がなぜ存在するのかなど，死にまつわる不思議を"最強に"面白く解説します。ぜひご一読ください！

 主な内容

「生」と「死」の境界線

人の「死」を決定づける，三つの特徴
体は生きているのに，決して意識が戻らない「脳死」

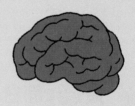

死へとつながる老化

脳の老化は，20代からはじまる
筋肉が衰えると，生命維持機能が低下する

細胞の死が，人の死をみちびく

毎日4000億個の細胞が，死んでいる
脳細胞の死が進みすぎるアルツハイマー病

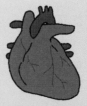

Staff

Editorial Management 木村直之
Editorial Staff 井手 亮
Cover Design 岩本陽一
Editorial Cooperation 株式会社 美和企画（大塚健太郎，笹原依子）・青木美加子・寺田千恵

Illustration

表紙カバー	佐藤蘭名，羽田野乃花	49	Newton Press，佐藤蘭名	104-105	Newton Press
表紙	佐藤蘭名	51~53	Newton Press	107	吉原成行さんのイラストを元に
4-5	Newton Press，佐藤蘭名	54-55	佐藤蘭名		佐藤蘭名が作成，佐藤蘭名
11~23	Newton Press	58~69	Newton Press	109~111	Newton Press
27~28	佐藤蘭名	71	佐藤蘭名	113	佐藤蘭名
31	カサネ・治さんのイラストを元に	73~77	Newton Press	115~121	Newton Press
	佐藤蘭名が作成	79~82	佐藤蘭名	123~125	佐藤蘭名
33	Newton Press，佐藤蘭名	84~87	Newton Press		
35	Newton Press	89	カサネ・治さんのイラストを元に		
37	小林稔さんのイラストを元に		佐藤蘭名が作成		
	佐藤蘭名が作成	91~93	Newton Press		
38~43	Newton Press	95	Newton Press，佐藤蘭名		
45	佐藤蘭名	99	佐藤蘭名		
46~47	Newton Press	102	佐藤蘭名		

監修（敬称略）：
　荒木健太郎（気象庁気象研究所研究官）

本書は主に，Newton 別冊『天気と気象の教科書』の一部記事を抜粋し，
大幅に加筆・再編集したものです。

初出記事へのご協力者（敬称略）：
　荒木健太郎（気象庁気象研究所研究官）
　木村龍治（東京大学名誉教授）
　坪木和久（名古屋大学宇宙地球環境研究所教授）
　中村 尚（東京大学先端科学技術研究センター副所長・教授）
　平松信昭（日本気象予報士会理事副会長）
　室井ちあし（気象庁予報部数値予報課長）
　森安聡嗣（気象庁総務部企画課主査）

ニュートン式 超図解 最強に面白い!!

天 気

2020年3月10日発行　2022年6月10日 第4刷

発行人　高森康雄
編集人　木村直之
発行所　株式会社 ニュートンプレス　〒112-0012東京都文京区大塚3-11-6

© Newton Press 2020　Printed in Taiwan
ISBN978-4-315-52217-4

解4 解答 (5)

水の密度 ρ [kg/m³]，重力加速度 g [m/s²]，流力 Q [m³/s]，有効落差 H [m] からなる理論水力 $P = \rho g Q H$ の単位は，

$$\frac{\mathrm{kg}}{\mathrm{m^3}} \cdot \frac{\mathrm{m}}{\mathrm{s^2}} \cdot \frac{\mathrm{m^3}}{\mathrm{s}} \cdot \mathrm{m} = \frac{\mathrm{kg \cdot m}}{\mathrm{s^2}} \cdot \frac{\mathrm{m}}{\mathrm{s}}$$

となるが，単位 $\frac{\mathrm{kg \cdot m}}{\mathrm{s^2}}$ は力の単位 N に等しいから，

$$\frac{\mathrm{kg \cdot m}}{\mathrm{s^2}} \cdot \frac{\mathrm{m}}{\mathrm{s}} = \mathrm{N} \cdot \frac{\mathrm{m}}{\mathrm{s}} = \frac{\mathrm{N \cdot m}}{\mathrm{s}}$$

ここに，単位 N·m は仕事の単位 J に等しいから，$P = \rho g Q H$ の単位は，J/s で表せることになるが，単位 J/s は仕事率の単位 W に等しい．

したがって，理論水力 $P = \rho g Q H$ の単位は W となるが，理論水力の式において，$\rho = 1\,000$ kg/m³，$g = 9.8$ m/s² とすれば，

$$P = \rho g Q H = 1\,000 \times 9.8 \times QH = 9\,800QH\ [\mathrm{W}] = 9.8QH\ [\mathrm{kW}]$$

となる．

問5 Check! ☐☐☐

(平成26年 Ⓑ 問題15)

ペルトン水車を 1 台もつ水力発電所がある．図に示すように，水車の中心線上に位置する鉄管の A 点において圧力 p 〔Pa〕と流速 v 〔m/s〕を測ったところ，それぞれ 3 000 kPa，5.3 m/s の値を得た．また，この A 点の鉄管断面は内径 1.2 m の円である．次の(a)及び(b)の問に答えよ．

ただし，A 点における全水頭 H 〔m〕は位置水頭，圧力水頭，速度水頭の総和として $h + \dfrac{p}{\rho g} + \dfrac{v^2}{2g}$ より計算できるが，位置水頭 h は A 点が水車中心線上に位置することから無視できるものとする．また，重力加速度は $g = 9.8$ m/s²，水の密度は $\rho = 1\,000$ kg/m³ とする．

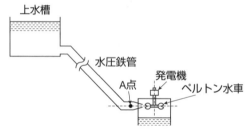

(a) ペルトン水車の流量の値〔m³/s〕として，最も近いものを次の(1)〜(5)のうちから一つ選べ．

(1) 3 　　(2) 4 　　(3) 5 　　(4) 6 　　(5) 7

(b) 水車出力の値〔kW〕として，最も近いものを次の(1)〜(5)のうちから一つ選べ．

ただし，A 点から水車までの水路損失は無視できるものとし，また水車効率は 88.5 % とする．

(1) 13 000 　(2) 14 000 　(3) 15 000 　(4) 16 000 　(5) 17 000

解5 解答 (a)−(4), (b)−(4)

(a) ペルトン水車の流量 Q は題意より,

$$Q = Av = \pi \left(\frac{1.2}{2}\right)^2 \times 5.3 \fallingdotseq 5.994 \fallingdotseq 6.0 \, [\mathrm{m}^3/\mathrm{s}]$$

(b) ベルヌーイの定理より位置水頭 h [m], 圧力水頭 $\dfrac{p}{\rho g}$ [m] および速度水頭

$\dfrac{v^2}{2g}$ [m] の和 $h + \dfrac{p}{\rho g} + \dfrac{v^2}{2g}$ [m] は一定となる.

いま, 問題の水力発電所の有効落差を H [m] とすると, 水車の中心線上に位置する A 点における位置水頭は無視するので, 圧力 p [Pa] および流速 v [m/s] を用いて, 次式で表すことができる.

$$H = \frac{p}{\rho g} + \frac{v^2}{2g} [\mathrm{m}]$$

したがって, 上式へ, $p = 3\,000 \times 10^3$ [Pa], $\rho = 1\,000$ [kg/m³], $g = 9.8$ [m/s²] および $v = 5.3$ [m/s] を代入すると, 有効落差 H は,

$$H = \frac{3\,000 \times 10^3}{1\,000 \times 9.8} + \frac{5.3^2}{2 \times 9.8} \fallingdotseq 307.56 \, [\mathrm{m}]$$

よって, 求める水車出力 P_t は, 水車効率 $\eta_t = 0.885$ を考慮すれば, 次のようになる.

$$P_t = 9.8 Q H \eta_t = 9.8 \times 6.0 \times 307.56 \times 0.885 \fallingdotseq 16\,004.8 \fallingdotseq 16\,000 \, [\mathrm{kW}]$$

問6 Check! ☐☐☐   (平成21年 Ⓐ問題1)

水力発電所において，有効落差 100〔m〕，水車効率 92〔%〕，発電機効率 94〔%〕，定格出力 2 500〔kW〕の水車発電機が 80〔%〕負荷で運転している.

このときの流量〔m³/s〕の値として，最も近いのは次のうちどれか.

(1) 1.76   (2) 2.36   (3) 3.69   (4) 17.3   (5) 23.1

問7 Check! ☐☐☐   (令和6年㊤ Ⓐ問題2)

総落差 200 m，ポンプ水車・発電電動機 1 台よりなる揚水発電所がある．揚水時・発電時共に流量は 100 m³/s，損失水頭は揚水・発電共に総落差の2.5 %，ポンプ効率・水車効率共に 85 %，発電効率・電動機効率共に 98 % とし，損失水頭及び上記 4 種の効率は，揚程，落差，出力，入力の変化によらず一定とする.

揚水時の電動機入力 [MW] と，発電時の発電機出力 [MW] の組合せとして，最も近いものを次の(1)～(5)のうちから一つ選べ.

	電動機入力 [MW]	発電機出力 [MW]
(1)	235	163
(2)	235	159
(3)	241	163
(4)	241	159
(5)	229	167